U0359716

白永生 著

消失的民居记忆

机械工业出版社
CHINA MACHINE PRESS

本书为作者七年考察中国即将消失的古民居的心得总结，涵盖贵州、河北、山东、广东、浙江、陕西、湖南、内蒙古八个省级行政区，涉及报京村、蔚县、乌镇、安化等三十余个县城、村寨，空间范围遍布中华大地，完整记录了这些地区古民居现状，展现了古建之美。写法专业且生动，并有情感流淌其中，宜于专业人士亦宜于非专业人士阅读。文路包含了建筑感情及技艺的两条主线，分别为明暗关系，互相交叉，以建筑外表能够感受到的情绪，加以抒发，两者相得益彰且互为添光。本书从古建追梦人的角度出发，游走于古民居的岁月山河间，书写了作者对于民居古建刻骨铭心的情谊和热爱。这些消逝的文化和记忆，都是所有感性之人的珍宝，希望这些回忆可以唤醒读者内心的铭记与坚守。

图书在版编目（CIP）数据

消失的民居记忆 / 白永生著 . —北京：机械工业出版社，2017.10
（2023.1 重印）

ISBN 978-7-111-58225-0

Ⅰ . ①消…　Ⅱ . ①白…　Ⅲ . ①民居—古建筑—建筑艺术—中国
Ⅳ . ① TU241.5

中国版本图书馆 CIP 数据核字（2017）第 245665 号

机械工业出版社（北京市百万庄大街 22 号　邮政编码 100037）
策划编辑：张维欣　责任编辑：张维欣
责任校对：孙丽萍　封面设计：鞠　杨
责任印制：常天培
北京联兴盛业印刷股份有限公司印刷
2023 年 1 月第 1 版第 8 次印刷
148mm×210mm · 8 印张 · 226 千字
标准书号：ISBN 978-7-111-58225-0
定价：49.00 元

电话服务　　　　　　　　　　网络服务
客服电话：010-88361066　　机 工 官 网：www.cmpbook.com
　　　　　010-88379833　　机 工 官 博：weibo.com/cmp1952
　　　　　010-68326294　　金 书 网：www.golden-book.com
封底无防伪标均为盗版　　　　机工教育服务网：www.cmpedu.com

自　序 FOREWORD

　　写在之前，关于路遥，一个我小时候很崇拜的作家，他用尽平生之力写就《平凡的世界》使我深深为之感动，是我人生的精神启蒙。但我曾经却不能理解，写作一部书为何要花去一个人所有的精力。但是我现在懂了，作为一个作者，每一部书的写成，无不倾尽了作者的血汗，无论热卖还是平庸，对于作者本人来说都是一种伟大。

　　我用了三年时间写了三本书，是属于自己的三部曲，合计大约30万字，200多张图及100多张照片，但却是三种完全不同的方向。前两本是关于专业技术，完成的时候，平心而论并不太纠结，因为是技术而非感情。一直认为有感情的建筑书更容易编写，其实不然。写作此书如入泥潭一般，越是深入越加艰难，加上利用所有假期的收集资料阶段，整个过程难度远胜于专业书籍的撰写，每一笔文字都透着自己的一点健康，一点心血，也透着自己的感受。常常半夜清醒，咀嚼文字与内容，可想是何种的痴迷。到了今天写序的时候，不得不留存一些自认为的不完美，也是实不得已，因为我的肩膀已经麻木、颈椎压迫神经，常头晕目眩，眼睛已经发涩，总是蒙着一层纱的感觉，睁开都十分费劲，腰椎也已经无法久坐。但是我不敢和家人诉说，原因只有一个，怕被人为地终止。起笔之时并非是要看作自己的生命，但是到了今天却不得不说它就是我生命的一部分。字数虽不多，但每一个字却都蕴含着我所有的健康，那是我最珍贵的几年。说起不怕死那不是我，但是我却希望可以用生命写就一本书，不是为名誉，只是因为它是我心中的一个梦想。

　　关于内容，这是一部简单的建筑科普书，内容不多，因为自己喜欢点到为止，尽量不让作品冗长无味，我并不想去从网络上抄录一些已经存在的文字和知识，只是将自己近十年行走于农村民居时的记录进行了整理，并且，也没有编入全部行走之地。可能是因为没有感触的建筑并不愿太多提及，所以这些民居并不完整也不全面，但于我而言却已是用尽全力，也认为足矣。时至今日，不是迈不开腿去再去寻找，却是因为自己的心老得太快。太多的初衷在行走之后已经改变，如在第一章中关于那场大火带给我的最初动力，在时间度过之后，慢慢消淡，变得异常冷静。其实这也是一种成长，所以认为现存的八章已足够，对于感受建筑的魅力太多反而重复。

关于建筑的选择，中国古代民居，有城市与农村之分，有豪华与简陋之分，有保护完好的也有破坏严重的，本书选取的则是农村民居的损毁现状，而并非是中国古建中复杂、精美、保存很好的那一部分。因为那一部分关注的人很多，著作也不乏，反而我们这代人曾经居住的那些老房子，已经在破损，已经在遗弃，却并因为没有建筑价值而得到重视。其实我更看重的是这些老房子与我们每个人的过往，这里面不仅是建筑本身也是建筑背后每个读者的温馨回忆，房子不再是一个简单的建筑，而是如同母亲一般的意味。说的有点过，却又不为过，每个读者心里那些深藏的、不会再外露的回忆，通过这把钥匙，再度打开，不为流泪，只为祭奠我们曾经逝去的青春、少年和童年。

关于可读性，本来就不想把事情变得复杂，书中也是一样，我更希望的是可以通过这本书，以最简单的方式，用最直接的构图去了解中国民居。我极力要去表述的并不是多么高深的专业知识和专业人士才可以理解的结构理论，只希望这本书能够作为科普读物，适用于每一个读者，让他对最基本的房屋建筑知识有所了解，这些内容看似没有多少光辉与荣耀，但却是我们已经不再使用的建筑部分，也是真正关于民居的内涵。不奢求每个人看完之后都能成为专家，只是希望每个读者看得不那么生硬，读完之后，会对中国古代民居建立重新的认识，那就是我全部的初衷了。

关于感性，如果说这只是一本民居建筑的科普书，我自然觉得并不完全算是，能够倾入自身全部精力，必然是真的用了心。关于每张照片背后的触动，我一一进行了诠释，仅是我自己的所行所想，但却是站在一个北漂中年男子的角度，事业遇到瓶颈，身体素质开始下滑，家庭压力也是最大的时候。几年间的行走，无异于是对人生的重新思考。这些本属于我个人的感受，但也可能属于每一个与我同龄的人，这并不是一味消极，而是经过几年的历练，将对建筑的看法，由遗憾慢慢转变为释然，更深层次的理解建筑的生命与我们的生命的相通之处，坦然面对生活中的所遇到的各式困境。这也许是我基于这些行走的感悟，也是一个过来人，写给所有困惑的人一本秘籍，希望看完之后能如我一样，顺其自然。

　关于感谢，对于一个普通的不能再普通的人而言，活着的意义可能并不是那么明显。一路上，几十年风风雨雨，愚钝不堪，不谙世事，很难想象自己如何存活到今天，小的时候语文曾常常不及格的我，怀揣着属于自己的文学梦，从不敢妄想，但也从未放弃，高度未必很高，但对于我来说已经足矣，证明自己的永远只有自己，而非他人。小时候引自周总理"为中华之崛起而读书"的座右铭，今天依然放在柜底，时常警醒自己，希望能够为国家做点贡献，能够实现一点属于自己的梦想，能够力所能及去帮助别人一点。这些想法虽然简单，对我而言却不易实现。感谢那些我命运中的贵人，不是代表他们眼拙，而是他们对于坚持不懈和简单纯真的一种认可，这与能力无关。而我今天同样是希望可以通过我的书给予更多人帮助，关于生活也好，关于建筑也好，其实都只是一种载体，所呈现的是建筑的文化与我的感受，希望不虚此书。

白永生

目 录 | CONTENT

第三章

山之东：面朝大海的石砌青史 / 067

第四章

粤北风云：客家大围蕴匠心 / 095

第一章 黔东南:

追寻远山的呼唤

贵州黔东南

君已尘满面,污泥满身,好似白发迷途人。

待历经沧海,待阅尽悲欢,心方倦知返。

今日归来不晚,彩霞濯满天,明月作烛台。

一 ▶▶ 远山记忆

开始，雾，摄于贵州报京村（图 1-1），清晨的空气中弥漫着浓雾与炊烟的混合味道。雾是大美贵州如梦如幻的背景，远处迷雾中的山峦若隐若现，近处灰色的屋顶搭配着炊烟渐溶于雾中，多了些许家的味道。家与山的中间，则是村边的小树林，冬季的黄叶，让水彩画多了一缕活跃。这次行走于 2012 年 2 月，冬季的春节之间，黔东南，我梦想已久的神秘地带，季节于斯，可谓应情应景，作为一个异乡人行走在这泥泞的乡村，虽然阴冷难挡，但米酒亦可以驱寒，热情亦可释怀，遗忘所有的寒意与陌生，一切如此自然，多年后回忆仍然心存暖意、思绪驿动。春节本是远山呼唤着游子的归来，但却见到了我，无奈自己太过渺小，如行走于山中的一叶，这时攀登并不再为美景，只为思考。人生这种信仰本就在高处，每个人的一生都在攀爬中逐步了解自己，寻找属于自己的爱情、事业亦或信仰。如同这巍巍远山，知晓通透，但却要待到山顶才见分晓，从上往下看与从下往上的风景，应大不同，只可惜大多数人习惯了仰视，登顶的又能有几人，我亦心存惭愧。

图 1-1　报京村的雾

二 岭南垂花门

古城镇远，如我所行的其他地方一样，作为古代的交通枢纽，自然少不了商业交流的过往，多少会留有徽商足迹，也会现徽派建筑的痕迹，只是不再单纯，而是同当地的建筑风格融合在一起，以新的面目重新出现。如这南派的垂花门，垂花门本是汉族民居的门头结构，使用在王府大门等处，即"大门不出二门不迈"的二门（图1-2）。其挑出的檐柱不落地，在其下端进行雕刻，称为垂花柱，是一种增加门头美观的装饰构件。此处又不完全等同垂花门，首先垂花柱较北方建筑进深较短，又可见门口飞檐，向外翻挑，细且高，为岭南建筑中非常常见的翘角飞檐做法，再结合建筑物所处的地区，就会发现苗寨的吊脚楼，也存在类似垂花柱似的造型结构，虽不是檐柱，但凌空挑出。结合可见，镇远的垂花门结构是汉族建筑与少数民族建筑特色的一种结合和引申，这也侧面说明了贵州地区的古代建筑的多样性，于城市中可见徽派建筑与岭南建筑的影踪，于深山中则保存这极为完好的吊脚楼等少数民族特色建筑，之间关联交叉又相互影响，界限明显又相互吸收。

三 刻在砖上的纪年

砖铭，摄于镇远（图1-3）。铭本是雕刻在砖石上进行记载的艺术形式，也是中国古建艺术一个专门的门类。砖铭与石刻不同之处在于材质相对较软，更适合民居建筑中使用，亦如砖雕一般的意味。但砖铭相对砖雕而言，由于使用的情况比较特殊，实际使用中更加稀缺特殊，所以是中国民居中被较少关注的部分，但在很多地方至今依然作为习俗保留延续，其意义一般是对故去家人的一种纪念及祈祷。但与墓地的墓志铭不同，墙上砖铭，则更加简单，一般会用比较简单的词语，来显示家人对逝者的追思之意，如照片中仅有两字，第一字为讣告的"讣"字为繁写体；第二字则在康熙字典中查不到结果，但又不能简单认为是错别字，个人以为是"顺"及"隆"两个字的拼接，主要表达之意应为保佑顺利及兴隆之意。猜想当时雕刻工匠要在一块砖上完成三个字的表达，而雕刻空间有限进而想到的一种出人意料的解决办法。

图 1-2　镇远的门

图1-3　砖铭

四　悄然发白的木版

关于损毁，哪里有新建哪里就有衰败。这废宅摄于镇远古镇，为汉民族的砖木结构民居（图1-4），已经破损不堪，像是常年被雨水浸泡后干缩的样子。时光也一样被冲洗泛白，亦如版画般静止于观者脑海。重回到黑白时代，依然可看到精致的木质窗棂，尚未完全消失的窗棂纸依存于上。窗棂是常见的回字及条形格栅，回字窗棂夹杂着属于我自己的理解。

木条不会相交的格式，仿佛在告诉观者，人生总是一个属于自己的轮回，从哪里的开始，终究会结束于起点之处，不用太纠结于他人的荣耀与光彩，走好自己的道路。不要越过那些看似诱惑的交接点，即便曾经有过相遇，但终于你是你，我依然是我，还是要回到自己的轨道上，认真做好自己。每当我看到这些创伤累累的建筑，我总会为曾年轻过的它们感动，也为沧桑变化而心存遗憾。亦如老人离去，虽已不复存在，却依然会让你感觉曾经的样子，如辉煌、如灿烂、如经久事变、如被时光雕刻、如又被

图1-4 损毁的镇远民居

时光遗忘，一切在静止中慢慢变为烟尘。只是作为一个路人，实在不忍心看它离去，如果说是记录，那就记录一段它普通的样子，但却是属于它自己的伟大，作为一个建筑曾经的存在，作为一个历史而曾留有的片段。

五　三种建筑形式

　　说到汉族与苗族、侗族建筑的主要差别，之前虽然有提及类徽派建筑，但多数汉族民居还是柱枋结构。所谓柱枋结构，指的是山墙侧有竖向柱作支撑，横向有枋梁与柱榫接。框架之间的部分，墙体用砖砌筑，这是砖砌民居的典型模式。对于柱的承接，则多采用柱底处设柱础的方式，这里也不例外，这种圆形坑状石头，可有效减少柱的腐烂，并增大对地的受力面积。此外，这种梁柱结构对檐板的支撑方式采用了侧向挑梁方式，在柱上榫接出挑梁，挑梁对檐板予以支撑，这种做法较为简单，但仅适用于木质等重量较轻的檐。我对窗棂一向情有独钟，因为它可把房屋的粗犷夹杂入阴柔之美。黔东南的地区的窗棂，最多见的是筐笼式样的窗棂。这种窗棂极频繁在古代乡村建筑中被较为频繁的使用。原因可以这样理解，筐箩是农村常用的一种农业工具，所以筐箩样式更易于被乡村接受和使用。但这种样式的窗棂却又并非简单的窗棂样式，由于细栏杆的长短不同，要组成很规则的图案，就对栏杆的长短要求很准确，所以其实并不容易成型。照片中存有两种不同的筐箩式窗棂，一种美观大方而另一种则颇具立体感。筐箩式窗棂是极富艺术性的一种样式，一个简单房屋分设不同式样的窗棂，使房屋不再单调。配以屋面的一层泛绿的青苔，让建筑充满了古朴之灵性。

贵州黔东南，寨龙村附近，摄于路边，属第二种建筑样式。这种建筑样式很好地诠释了黔东南特色干栏式建筑的典型特点。它属于吊脚楼的原型（图1-5，图1-6），最基本的特点是较多建于山区。如果独立一间屋，则一边靠在依山的实地上，其余三面靠柱支撑起来，下层悬空，如建筑造型中的架空层，无外墙仅见柱子。

干栏式建筑是一种特殊地带及特殊年代的建筑产物。贵州地区潮湿多雨，居住在一层非常潮湿阴冷，所以架空远离地面既可保证房屋通风干燥，也可以防止毒蛇、野兽等对生命安全所构成的隐患。在农业或是捕猎为主的特殊时代中，楼板下是粮食及杂物存储或是饲养的场所，干栏式建筑存在于黔东南更为偏僻的地区，成排或为独栋建筑，千年来一直得以延续并发展，直至形成后来的吊脚楼。目前所见的吊脚楼不但继承了传统干栏类建筑的材料和工艺，并且使艺术性和舒适性得以相得益彰，使其具有更高的文化层次，使用也更为便利。

同样摄于贵州的黔东南，寨龙村，为汉族民居建筑，属第三种建筑形式。与后文介绍的湖南老式民居极为相似，不再设置架空层，直接采用了单层木质结构，为格栅类建筑特点，后文有专门的章节介绍，故这里不做主要介绍（图1-7，图1-8）。两地区建筑特点相似是由于两省搭接，建筑与人文文化都有相似之处，只是我行走的时间不同，感受差别也较大，多年后再看依然极具冲击力。标语与建筑相配合，更给予了建筑别样的意味。多年前的标语遍布整个村子，留下了深刻的时代烙印，不只是记忆，更是一种时光的退回，让我这个未经历过那个年代的人，多些感触，多些唏嘘。有些印记，本不是建筑的一部分，无意中的拼凑却让建筑多了一种

图 1-5　干栏式建筑（一）

图 1-6　干栏式建筑（二）

图1-7 单层格栅建筑（一）

图1-8 单层格栅建筑（二）

时代特征，只是这"放眼世界"确实时至今天依然适用。生活中所谓的世界，并不单是泛指国外，其实生命所有的未知空间、地域、层次都可以说是世界。一个偏僻小村镇，即是我世界中的一部分，直到当我踏上这片土地，才发现自己对中国民居原来如此热爱，也正因此，才激发我去探寻更多古代民居。"放眼世界"对我简言则是：用人生有限的生命去了解世界，如那些未知的感觉、影像或建筑缝隙中没有被风吹走的历史。其实，当我看到它们后，并没有那么沉重，更多的是一种释然，如同穿越一般，总可让我感觉要珍惜当下，快乐生活。让这些老房子留存着吧，他们属于后人，留下的不光是建筑，更是那些不熟悉的故事。

六 》 再也不见的报京村

下面重点介绍的一个消失的侗寨：报京村，这座村落于 2014 年初被大火彻底烧毁。

时间退回 2012 年的寒春，依然一切如初，仍记得进入报京村的道路是崎岖和坎坷的，与任何所见的美景一样，到达美景的路途中从来不缺艰险，这里亦然（图 1-9）。乘坐的汽车在没有柏油路的泥地上两次拖底，道路上不再见到汽车拥挤，仅剩的是与驴、马的相互错车。山路自然险恶，

图 1-9　前往报京村

汽车总是盘山而行，并与悬崖相伴，贫困与落后多伴随着交通的不发达。

正因为改变缓慢，所以现代化的痕迹不是很明显，建筑与文化遗存，也依靠了交通的不发达而保留至今，这也侧面可见我们对于文化保护的意识欠缺，保护途径更多源于自身地区的偏僻及不发达，总让我心存遗憾。如这样标本般的村落在我之后的行程中还有，但多数由于人口的迁移而逐步荒废，与其他农村一样，即便交通不便，也难阻年轻人外出打工的步伐。但这个地方的建筑保存很好，却是有原因的。因为这里有的不只是建筑实体，更重要的是，建筑文化如今依然在传承和延续，可见坚守文化才是古建筑保护的深层动力。或许，在未来不远，这里也会面临其他古村落一样的结局，荒废和没落，房屋最终损坏，但我所见到的苗族、侗族朋友对传统习俗的坚守，却让我感动和看到希望。其实这才是建筑的根基，他们拥有文化，所以特色建筑不会被丢弃，只会根植发展。

报京村的村碑（图 1-10），这里是侗族的传统建筑群，侗寨由于聚居的区域多在山区，所以免不了进山看景，这是个受外界扰动极少的千年古寨。当 2014 年初那把大火将这个村寨彻底毁坏后，得知这个消息，我深感悲伤，但后来也庆幸命运曾垂青自己，让我有机会看到了这个古建筑群标本，自此事件之后，更觉收集民居资料是件有意义且值得做的事情。如能将自己收集整理的照片分享于后来之人，也是对中国

图 1-10　报京村村碑

民居建筑的点滴贡献，过程虽然艰难，也并不快乐，但却是可以许久回味的经历。当时觉得自己须加快步伐去收集整理，因为不知何时它们便会消失，现实的情况也确实很不乐观，这些老房子消失和毁坏的速度远比行走的速度要快。时至今日再回头才发觉，天下之大无穷无尽，急功近利只能让自己疲惫和厌倦，顺其自然的行走才能见到那些随意中的感动。不再有功利心，行走的感动其实远胜结果，这也许是几年中人生成长的变化吧。上面照片中的这块村碑，拍照的时候并没有持别的理由，如今看却是冥冥中的一种预感，也是我与古村落的一个千年缘分。看似偶然，但却是一个有生命的建筑对我的诉说，希望让我可以保留和记录它千年的身影。而我如约作答，作为承诺，必定做到，为她留存。

泥泞的山路后，天黑时分，我终于到达了报京村附近的小学，这是此行中改变味蕾的第一顿饭。当老乡拿着炒锅开始做饭时，我其实还是心存不屑的，但毕竟不熟悉，如此偏僻的地方能有饭吃就该不错，不能太过挑剔。菜只有一个，叫作带皮牛肉，饮料只有一种，就是米酒，饭后甜点倒是有，是老乡自己做的姜糖。盘子也省了，大家一起就着锅吃，再以后从没见过如此场景。因为天寒地冻，到处都是泥，当时怀疑，这里是不是一年都是泥腿子，我也一样如此，狼狈不堪，大家围坐火盆前，倒也是热闹而温暖。在2012年，黔东南还是比较流行这种改良的火盆，采用废旧轮胎，铁箍下加底衬即成型，一边烤着木炭火盆，一边烘干着裤腿上的泥巴，一边挠头想这带皮的牛肉怎么下咽，况且是一个大老爷们做的饭，能有多好吃。不过没法子，饿了，当然后面的结果大家也可以猜到，确实好吃！我到现在依然没有搞清楚为什么叫带皮牛肉，因为一点都尝不出来皮的味道。红的辣椒驱寒、奇怪的绿色野草则胜过各种调料，确是我此生吃过最美味的牛肉。也许我久在城市，实在吃不到这样的美味，都市中所谓的各种炭火烤、好牛肉、好调料，各种添加剂堆叠的味道，让我早已麻木于味道。然而这位老乡只用了最简单的方法就予以实现，道理也简单，原料天然无污染，自然味道好。

这晚我吃了很多，也喝了很多酒，就着这千年不变的火盆文化，慢慢享受着乡间的安静。虽然火盆也在改变着样式，但总可以给我们这些潮湿的人、潮湿的心多了点的温暖和慰藉。寒冷、泥泞、恶劣的环境虽总有太多不好，但却给我们提供了一个围坐在火盆面前交流的机会。网络与火盆哪个更好，值得深思。

那晚我住在村中唯一的招待所，居住条件比景色则要现实的多，可谓是个不眠之夜。不得不搭了两床棉被外加电褥子，以抵御这冬季的阴冷。隔壁的烟民一晚不停的烟加上电视的喧嚣，又呛又吵，实在难眠，让我透过未来怀疑这场大火的起因，该是电褥子或是烟头吧。这里到处都是纯木质结构，再严密的防控也很难避免一个火星。早上在昏昏沉沉中爬起，看到这里的景色却困意全无，这就是贵州黔东南报京村 2012 年 2 月的清晨全景，很是壮观。上千户侗族的聚居地，浓雾配合淡淡的青烟，南方的冬天依然青翠，菜地泛着绿色，透亮着雨雾的影子。小路蜿蜒于菜地田埂，千年来留下的吊脚楼，连绵成片，乌瓦无规则的点布在山顶、山腰，密密麻麻，无规无矩，自然而随意，如世外桃源般映入眼底，配以老树盘缠，迷雾迷离，格外迷人（图 1-11）。在这个海拔超过三千米的地方，少了外界纷扰，人们一如以往单纯，见不到现代建筑及建筑材料的印记，如此淳

图 1-11 晨雾中的侗寨

朴，如此大美。泥泞的道路上人们又开始忙碌着新的一天，简单而习惯，这就是侗寨的生活。

七 》 吊脚楼

这是第四种建筑模式：吊脚楼。吊脚楼与干栏式建筑很相似，不同之处是首层虽依然为仓储、放置杂物、饲养之用，但是却设置了木质墙板，使房间的整体性更好，也使安全性也得以提升（图1-12）。

苗族与侗族的吊脚楼有一定差别，主要为宽廊（与门面各房间前平行的一条宽走廊）与退堂（各房间凹型布置，共用这个小厅堂）的差别。但在实际的考察中，发现其实融合很多，在侗族聚居的报京村中，也多见退堂式结构。除此之外两个民族民居建筑的思路相同，如照片中重点说明的楼梯部分，都是从山墙侧设置拐弯楼梯，通至宽廊或后堂，楼梯的拉结采用了垂花柱的构造，这在中国南北方的各式建筑中均有应用。于北方地区垂花柱更多为装饰性构件，实际的使用功能并不大。但在吊脚楼中，最外层不落地的房柱上端与上层外伸的楼板持平，下端则形成悬空吊脚，起到

图1-12 初见吊脚楼

拉结楼梯的作用，同时这种造型的存在，也使这种民居被称为吊脚楼。居住层与基础之间的空间为吊脚楼的底层，垂花柱外挑完成了两个功能，一是为底层增设了一个挑檐，二是完成了挑出楼梯的功能，也可根据需要增设三层或是更高，增设层的主要功能亦为仓储之用。

　　吊脚楼回廊，也是吊脚楼的特点之一（图1-13）。一般设置于二层或三层。悬空的走廊，也为进入宽廊或退堂的通道。苗族吊脚楼的走廊仅到退堂之处，而侗族吊脚楼走廊则是通长兼做了宽廊。我专门找了两幅照片，也直观验证了上文的区别，上面一张为苗族的退堂式格局，下一张则是侗族的宽廊。两种走廊都会做出类似于飘窗的靠椅，其具有一定弯曲角度和造型，故也被人称之为"美人靠"。这亦是我认同的一个观点，这个靠椅因为姑娘们常在此作女红，可以被心仪之人所仰望，称为"美人靠"确再恰当不过。时至今日仍对当日所见的美丽姑娘深感怀念，拥有优美的建造式样，也怀着浪漫的建筑气质，即是于此景生此情的效果。一路走下来，少数民族的洒脱民风，真挚且热烈的感情，单纯且善良的性格，对我而言已不仅是一种难得的经历和感受。即便在多年后，仍觉得不做作的感情在城市中难觅踪影，一别之后从未再见真挚，无限遗憾至今。

图1-13　吊脚楼回廊

　　这两张照片摄于报京村，北方民居多为三柱五檩式建筑，依靠柱、梁、檩之间的承压关系逐层传导屋面荷载。而吊脚楼则多有不同，虽也多为三柱，但屋顶、屋架的结构却为一个整体，整体荷载分担在各层及层间的梁、枋、柱上，顶架内部也采用了多檩及枋的做法，即可为图1-14中的五檩，也可为图1-15中的十檩。屋顶结构内采用瓜柱（竖向短柱）及穿坊（横向短梁）榫接，最下层瓜柱均榫接于顶部梁上，柱、梁、檩的截面尺寸都不大，则顶部的结构更加复杂，可见与北方民居的不同之处。北方建筑是一个承重的体系，需要尽量粗的梁柱来支撑所有来自上方的自重，而吊脚楼结构更像是一个编织体，利用很多的较细的木条、木板笼状搭建，形成一个整体性很好、受力更为均匀的网状结构。且不光是垂直方向，水平方向也会分担压力，这样的建筑体系更不易倾倒和坍塌，能够较好地抵御泥石流、地震等破坏。行程中见到很多东倒西歪的老房子，却没有坍塌，就是这样相互牵扯的构件拉结的原因。此种结构拿到今天依然为不过时的设计理念，如尽量减轻建筑的整体重量，采用更多的轻型构件，构件的连接尽量受力合理等。

图1-14　吊脚楼顶部做法（一）

图 1-15　吊脚楼顶部做法（二）

　　摄于报京村，主要表达的是侧檐的设置，这点曾让我费解良久，这个构件在其他地区民居中设计不多见，带有明显地域特点的设计理念，如果说图 1-16 是大样，那么图 1-17 则是一个整体效果。云雾中一种不刻意的自然效果，掩映出湿润环境下浸润的建筑。在我最早的照片中并未注意到侧檐设置的规律，在后来对于楼梯的观察中，才看出采用它的必要性。侧檐一般承担着雨棚的作用，楼梯由于设计在山墙一侧，便成为了室外楼梯，室外楼梯需考虑雨棚的设计，侧向屋檐则应运而生。但如果阁楼层需要放置粮食或需要遮风挡雨，也可增设，其支撑点为楼梯垂花柱及檐梁的交接点，外挑飞椽上再挂瓦，由于仅设置单侧楼梯，所以每栋吊脚楼通常仅设一边侧檐，这就是特殊之处。但正是由于侧檐的加入，让房屋打破了传统建筑的对称格局，让建筑物变得生动不单调。侧檐与屋檐的高度不同，山墙侧面与顶檐错落有致，虽与徽派的马头墙式样不同，但不规则中的层次感，却与马头墙意味相同。

图 1-16　吊脚楼侧檐（一）

图 1-17　吊脚楼侧檐（二）

吊脚楼采用穿斗式结构，每排房柱根据需求可设五至七根不等，每排柱子被称为排扇，即为一扇墙之意（图1-18）。在柱子之间用梁或枋采用榫卯进行插接，榫卯的方式又与汉族的民居多有不同。板材与板材之间采用槽式榫接，型材与型材之间采用孔式榫接，以搭架一个牢固的结构。照片中为一处翻修的民居，摄于报京村，可见虽为翻新，但内部的梁柱仍

采用先前的梁柱，可见吊脚楼对木材质量要求很高，卯孔也为原先的孔，更换墙板即可。每层外墙开间方向上，层间会设有栏板，其上下开榫接槽，每块门板可分别从上下与其进行榫接，而每层进深处则设置了双层梁，其用意也是对上下的墙板进行榫接之用。这即看出原理上与北方梁柱结构的不同之处，它会在各个榫接点将所受力就近进行分散和承担。所以如照片所见，梁柱十分密集，为笼型格局，复杂度叹为观止，密集但却轻巧，繁琐而不凌乱，结构受力不再集中，安全性得以最大的考虑，对自然灾害的破坏性则降至了最低。

图 1-18　吊脚楼整体结构

八 》青瓦

青瓦为屋面的构件之一，照片摄于寨龙村，在之后章节会多次提及，这里记述是因屋脊造型具有地域特色（图1-19）。这里的屋面青瓦更为轻薄，同样是为控制屋面的重量，与北方建筑及徽派建筑的屋面相比，瓦片造型的弧度更小，整体厚度也更小，安放方式更为密集叠压。仰瓦及俯瓦的层叠，看得出并不讲究整齐，也不具模数，更像是一种随意的罗列。同时不再设有瓦当及滴水瓦，原因是瓦片的随意摆放，在檐口无法做到整齐划一，故无法装设瓦当。檐口角度来看收口似不完美，不过却符合屋顶的整体风格。民居就是民居，本来就是简单，造价也是低廉，所以不必要太过讲究，也无需那么繁琐，实际使用的效果不错即可。屋脊的设计也更具瓦片组合特色，依然是堆叠，呈上下反向的鱼尾式屋脊式样。在脊中央也如北方民居一样，采用瓦片组合成铜钱图案，寓为富贵之意，为多组铜钱造型叠加，能够使其模样成型，也是靠众多瓦片向脊中挤压支撑的结果。对比北方屋脊的简单粗犷，这里的屋脊则更显得碎且杂，但是却不乱，效果亦如这山水般阴柔，拥有整体观感的大美，杂乱中只可远观而不可近玩之味。

图 1-19　青瓦

九　　不完美中的完美

　　黔东南少数民族村落布局特色，这里单独拿来一说，摄于黔东南剑河县附近的苗寨（图1-20）。苗寨或侗寨等少数民族聚居村落与汉族村落"规划"大相径庭，可谓是自成一派的独立风格，首先汉族民居多为正南正北朝向，偏房则是正东正西朝向（图1-21），布置上多为成排骨架式布局，以规整及对称为基本规划理念。但是苗寨、侗寨的布局上则不遵循整齐的设计理念，其更多考虑的是依山而建的空间利用及是否施工方便，也与水源地的远近有一定的关联。户与户之间不存在固定的道路宽度，如图1-22所示，可见两户之间垂花柱间仅剩半米的宽度。而在屋面甚至已经相互交错布置，也由此可见户与户之间的关系是相当密切且相互宽容的。从村落的整体效果看，布置没有任何明确规则，村间道路也很狭窄，即便主干道也难允许大型车辆的通行，所有可用的空间多留做菜地使用。当整齐不再是一种大家公认的审美特点时，这样建筑村落布局方式就现出另外一种美，有高有低、大小不一、横七竖八也许是对这样布局的总结，但是对于观者来说却并不觉得乱。如一幅画，搭叠中才有了层次感，主次变换中让画面分出了重点，没有特定的朝向则让画面不再单调，这样何尝不是一种随意中的美丽。整个村落严密如大伞，大家在一个紧凑的环境下共生共长，邻里之间的关系十分密切，这是现代化的社会里所缺乏的因素，也是当下看重的建筑设计思考方向，当然如此布置缺点亦是明显的，就像报京村最终烧毁的实例，如果失火，木质结构的房屋，布置又紧密，结果必然是使得整个村落毁于一旦。但即便存在如此的弊病，还不得不说这样的村落布局，堪称建筑标本，是不可忽视的建筑文化，值得记录，亦值得观赏。

十　　盛装与仪式

　　离开报京村之后，路上巧遇新婚队伍，都市里看惯了浓妆艳抹的装束，这里让我见识了年轻也重新认识了美丽（图1-23）。服饰头饰是苗族的文化之一，如照片中的新娘和伴娘，很年轻，还是少女模样。在感叹于结

图 1-20　黔东南村落布局（一）

图 1-21　黔东南村落布局（二）

图 1-22 黔东南村落布局（三）

图1-23　苗族婚装

婚真早时，相对于我所生存的都市，同样是穿金戴银，女孩子的这套行头，却是清新靓丽，别样风采。银饰品的尺寸、造型让人眼前一亮，却并不是炫富。这是每个苗族女孩一生中都会拥有的一套银质头饰，精致繁琐，价格确实也不菲，是父母对出嫁女儿无限的爱。从掩不住的笑容里，看得出小小新娘的快乐与激动，虽然仍显稚嫩，足下的高跟鞋与这身民族服饰，搭起来多少有些别扭，驾驭起来也看似不熟，但却让这些孩子瞬间有了女人的模样，另是一种风情。

作为还在坚守民族习俗，穿着民族服饰的年轻人，我真心觉得羡慕，对我而言，从小就不知民族服饰的样子，即便是民族中的传统问我也说不出一二。仅剩的一些习俗，在国外的文化及节日冲击之下，慢慢开始简化并淡忘着。再看看这些简单的嫁妆，一筐苹果、一箱牛奶之类的日用品，却是盖不住的幸福，让我这个身在都市的男人心存感动甚至嫉妒。低成本的婚姻是否也会相对简单，更易于保养和坚持呢？都市里面的剩男剩女们看看这小小新娘是否会觉不好意思。沉重生活负担下的男人和女人，需要认真思考如何让自己简单快乐地活着，而非随着人流裹挟前行，我们拥有的只是稍多一点的虚荣与物质，却承受着远不成比例的压力。

台江的苗寨，苗族的文化之一，长桌宴。其实说起来到今天我也还是不清楚这顿长桌宴为谁而来，是为这些乡亲春节自己相聚，我是顺路赶巧，还是为了特意欢迎我，这个远道而来的朋友。因为长桌宴后来我才懂，是出嫁或是欢迎朋友才会举办，但是我当时坚信这只是老乡亲戚之间春节团圆才吃的酒席，因为在我的意识形态中，为一个陌生人如此兴师动众是绝无可能的。只是后来随着时间的推移，我对苗族文化加深一点了解之后，想到这心底总多了些温暖。我也相信，这多少与我是有关联的，他们确实如此热情。时隔多年之后，我依然可以清晰记得那些阿婆、大叔或兄弟、姐妹的热情款待。说起来我是个并不吃肉喝酒的人，但时至今日，喝过最多的酒，吃过最美味的肉，这些记录都留在了苗乡，并没有半点勉强和拒绝。苗族妇女都是盛装出席，开桌前大家礼貌地先敬老者，再敬客人，满满一屋子人热闹却不混乱，自酿的米酒融入太多的热情与真挚，我也深深被这样的文化和礼节感染。感染这个词很厉害，那是一种无法拒绝的感动。

回忆到这里，我眼圈又开始泛红，时间并没有冲淡这种真挚留下的深深烙印，当那些与阿婆、兄弟的合影都成为定格，如今看着照片中自己红红的脸，深感人生中如果还有机会，一定要在这种文化没有消失之前，再去品尝一番。品味的其实不止是酒，是人性的善良和淳朴。同样是酒桌，不见势利与目的，只有热情，虽然早就各奔东西多年，却留给了我一生难得的回忆，万分感谢。贵州之行让我知道这种没有世故的人情，其实依然存在，虽只是陌生人，但真诚的敬意却使你无法选择拒绝，让你全身心放松，真是干了这一杯，还有三杯的感觉！

郎德上寨，又一个感人的苗寨，小雨中，随着长途汽车售票小姑娘的提醒，我来到了这里。这是一个算是有点旅游气息的苗寨，但是我到时游客却极少，准确来说只有五个人，这当中的我应该还算不上游客。游客中一个老者，兴致勃勃告诉我，他已经停留了一个月，也是这村子的一员了，我本以为他有点癫狂，如今想想其实也不为过。见惯了都市的人情冷暖，当遇到热情，或许还真不愿离去。他主动成为了我的摄像师，给我介绍村中的活动，全村仅仅为了迎接我们五个人，居然也盛装出动，进寨酒才喝，就再一次醉倒，不过也是值了。古老的房屋、古老的仪式，横亘不变的礼仪文化，芦笙响起，铜鼓鸣奏，美丽的姑娘先行舞起，随后男女老少、宾客一并加入。苗族芦笙舞会是苗族的又一文化传承，热热闹闹中却也增加了乡亲及宾客的感情，细细的小雨不能阻止大家舞蹈的步伐（图1-24）。感动中，这情绪涤荡我心中的污浊，把雨伞送给那个可爱小姑娘，却不止心存怜惜。舞蹈后的人群中，她依然找到我还伞，还说了声：谢谢叔叔。那已经是四年之前的事情，只是其实到了今天我也不得不承认，喜欢就是喜欢，动作不夸张却婀娜的样子，清纯不加修饰的容貌，真是怀念。那位姑娘落落大方，不加修饰的容颜才是最美，不加修饰的个性也是人生最值得标注的记号。留住那些自己的特点，留住这些淳朴的文化，就如同这些让人感叹的苗寨，一直让我牵动神经，让我难以割舍。努力在做真实自己，只是走到这里亦是行程要结束之时，对当时的我来说则要开启另外一段生活。人生苦短，望见山顶，再见秀丽，淡淡地挥挥手，继续前行！

图 1-24 苗族礼仪

即将离开的时候，拍了一张郎德上寨的路（图 1-25 ）。因为这条石块路，相比报京村，这里的条件要好了很多，不再是泥腿子。寨口也有公路，配着小雨，道路越发透亮，就越有离别的气氛，越透出历史的韵味。就着山坡的石板路，石块的布置与青瓦屋脊的布放方式相似，也为交叉分层斜放，每隔几米就用较大石块做台阶，以增加道路的摩擦和缓冲效果。道路两边则与吊脚楼的石头基础相交，交角部位采用如照片中的细石条，将交角如拉锁一般，拉紧填充严实，控制雨水对于基础的破坏。将吊脚楼建造于山坡上时，其基础的做法在照片中有比较明了的诠释。依山势而建，分层建造房屋，采用碎石堆建基础，基础为倒三角形，一边依在山边，另外一边通过基础，人工找平，再进行房屋的建造，这也就是鸟瞰屋顶高低错落的主要原因。如此细碎精致的道路，符合这里人婉约中认真的特质，雨水

图 1-25　郎德上寨石块路

倾刷这路面，干净中透着冷清。这是我很喜欢的一张照片，因为是要离开，多少有些不舍，聚会散尽的苗寨，恢复了一如以往的平静，小雨中石板路上仅我一人行走，有些落寞。离开了这短时间的建立的一切感受，当年只是阴冷的味道，而今天却是无限的思念，那些房子，那些文化，那些热情，一切都在四年之后的头脑中渐渐发酵。

十一　层叠之美

　　浓雾中的大美梯田，是贵州的标志性地貌。折服于初次感触到梯田的唯美，这是在报京村，圆润且不夸张。大雾渐渐散去，梯田渐渐透出它的本色（图 1-26）同这里的文化，热情奔放但又知情重礼。这样的自然风光，造就这样的一方水土，造就了这里的人、这里的建筑、这里的文化。为行程的第一站，这里既是一个开端，也是一个承诺的开始。一个固执的建筑式样，与一个固执的人，开始了一个个关于民居的约定，人生短促，在步伐可以迈动的时候，可以倾听老宅的过去，可以将生命那部分最美好与建筑分享，确实美好，至少对我来说，一切只是开始，但这里却是我心里难以忘怀的一段行程，真实又恍入幻境，美丽而又恍如虚无。人生如有缘，希望多年以后，你我还可以相聚。相聚之时，我想我仍然可以一眼认出你，只希望你还是那般动人。

图 1-26　报京村梯田

第二章　古蔚县:

消失与坍塌的记忆

📍 河北张家口蔚县

历史在这头,你在那头,我们曾相隔咫尺。

建筑历史于此处悄然断裂,城墙毁坏缺口横亘于两端之间,却不可恢复。

曾经的样子失去即永不再见。

一 》 不曾消失的过去

蔚县地处河北张家口，下设七百多个村庄，村村建有古城堡，共有七百多座古戏楼、古寺庙。这些古城堡、古戏楼、古寺庙为自辽代以来元明清各代建筑。古寺庙、古民居中保存了大量的砖、木、石刻及壁画，做法具有浓重的地方民间匠意，能分期断代。对研究北方民间建筑历史及施工工艺有重要价值。但由于受到青壮年外出打工及改善居住条件的影响，越来越多的古代及近代民居被逐渐废弃。作为重要的建筑文化遗产，许多珍贵的建筑急需保护。如果说贵州是建筑的坚持，这里则是建筑的消失，但仅存建筑依然堪称瑰宝，美不胜收。站立在 2013 年 4 月的蔚县土地，望通过所看所想所感，留下这只言片语，可以引起建筑业同行的重视。对古代建筑进行抢救性的收集和整理工作，又过去了三年，不了解如今它的样子如何，是否依然安好。

二 》 土城印记

坍塌中的城楼和城墙，摄于蔚县县城附近村庄，也是行走的开始（图2-1）。黄色的墙和灰色的天，配合这座有点苍凉的建筑，与早春的季节并不搭配，厚重的历史感充斥着这片土地。张家口地区作为北京北大门，历来为兵家必争之地，城楼及城墙则是每个城堡的必备。照片中为明代或是更早的城楼，也是本章的第一个断代。明朝及以前村落的城墙和民房多以土砖砌筑，清代以后砖砌建筑才大规模在民间得以使用，所以较为容易辨识年代。照片可见风化的城墙土堆及风中的开裂城楼，城楼上已被封堵的窗洞及后砌的砖墙，则是对砖砌建筑的一种遗弃和修补印记，却也是很久前的事，同样成为了历史。时间消逝着城的容颜，已经磨灭了楼顶，门楼也变得孤零零，但却是极真实的保存着它的原貌，而非今天修复者的臆造。如一位老者，迟缓且凝重，面对快速且巨大的时代变迁，也许它将带着所有的故事和记忆慢慢倒下，化为尘埃，但至少它现在依然倔强地挺立着，让人尊重，感叹光荫荏苒。

黄土的古城墙，是夯土的建筑技法使用最多的场所（图 2-2）。常用于村镇一级的外围防护，夯土逐层夯实，更有南方城墙会加入石子、白灰等拌料，如后文介绍的三合土形式。夯土的强度极大，任凭时间流逝，雨水倾刷之下，难以分辨的原来模样，难以辨识它的年代，但即便只剩缺口，残破和裂纹仍放肆展现着黄土的美丽。如果说纹路是一件自然界的艺术品，那么裂痕则是一种对过往的展示。为遗落的所有过去，也许是某一段刀锋血雨的记忆，也许是某一段风花雪月的凄美爱情，也许是儿童攀爬的嬉戏工具。习习微风之中，不觉已将斑驳在岁月中刻画，亦或建筑，亦或风景，只看欣赏的人用何等心情来看待，只待欣赏的人此时所思所想，以达到不同的感受和意境。

图 2-1　蔚县古城墙（一）

图 2-2　蔚县古城墙（二）

车辙，暖泉镇的城门门洞（图 2-3）。暖泉镇是蔚县开发较早的一个古堡，也是保护较为完整的一个古堡，已被游人所扰动。商业价值的体现，引来了古建的重建，让历史遗迹变了些模样。太新，虽好看但不够真实。唯这深深留下的车辙刻录了时间的流淌，甚至可以依稀感知到百年来马车的络绎不绝。手探过去却摸不到，物是人非，有些东西消逝了，不知不觉中却留下了印记。虽都是陌生人，也算是有过交集。

建筑与道路一样，一个可以记录历史，一个用以度量时间，但却都无法被记录者所感知。只有在多年之后重新来过，重拾记忆，或是重新体会，才发现它的变化。被车辙和足迹深深刻画的石头中，存有被时光雕刻的故事，那是一本用足迹写就的古书。

城门，为拱形门洞（图 2-4），这里展示的是砖砌斗拱，砖砌斗拱并没有实质的力学作用，但却印证了斗拱在中国古建中的历史地位。从南方到北方，从承重构造到装饰构件都有斗拱的踪影。这里的砖砌斗拱属于后

图 2-3　暖泉镇门洞

图 2-4 拱形门洞

者，即通过装饰的作用，进而达到对使用者身份象征和体现。相应对于木质斗拱构件，砖砌门头也是一应俱全。除了砖砌的斗及拱外，垂花柱也有雕刻，甚至门梁及阑额间的祥云造型都有表示，只是全部以砖雕的形式予以展现，门头上方的矩形空处，是用来悬挂城堡名字牌匾的预留位置。其下三个突出的花瓣状砖雕，则是模仿木质门簪（门上端的装饰木件，常设置为两个或是四个，为装饰件）而造。这里多种建筑表达方式的加入，是古代建筑间混搭和模仿的体现。

三 砖块之美

在蔚县虽然存有大量不同时代的土坯建筑或土坯城墙，但是在民居方面仍以砖结构为主，也体现了清末至现代的百余年间华北地区主要的民居建筑形式。北方民居在与外界交汇融合中不断发展，但最根本的建筑理念却得到了沿袭。透过大门，砖式门洞和影壁的雕花跃然而出，浮现一角，透过这大门，让我们感受到了蔚县建筑的味道。砖的地、砖的墙、砖的雕刻、砖的装饰，灰色的砖夹杂着黄色的土，透着灰色的黄色外表，光线与色彩均恰到好处，亦如轻轻覆盖的一层尘土。多年间没有人扰动过，我们只能隔着大门去感受建筑带来的味道。不仅限于建筑本身，更多的是揉入一种与当地的气候、人文、民族相一致的建筑文化，这就是中国古建的韵味所在。不仅关注于建筑本身的技艺，更在于它要引申的精神，因居住者而具备的不同气质。不需要全部的视角，仅是一个侧面就能够感受曾经的建筑风格和气质。

砖雕，左边的寿字配以六只蝙蝠，四只于福字之外，一只于福字之上，一只于福字之中。这与传统的五福临门稍有不同，却生动演绎着福寿双全的寓意（图2-5）。这里砖雕的技法并不是采用墙面直接雕刻，而是砖墙上预留相应砖雕孔洞，与现代施工技法的预留设备洞有相似之处。当年砖雕应该为专门店铺出售的成品，与我们现在的外挂罗马柱构件等类似，也可能是工匠现场整体雕刻并烧制。但无论这些猜想属于哪一种，之后的工艺均为在现场进行整体嵌入安装，勾缝填实。

图 2-5　蔚县砖雕

　　据房主人说此砖雕至少已有 500 年的历史，应该成于明朝中后期。明代的砖雕并不多，所以我认为年代或许有水分。作为福寿双全的砖雕，即便年代不确切，至少也为清代的作品。主题能完好保存至今的并不多见，况且是在外墙之上。在我行程中，仅此一家，更多人家则是装设影壁的方式，两者的作用及寓意一致。在它的护佑下，这房老宅几百年来保存得确实还算好。中国人对幸福及健康的追求，总是可以通过建筑予以表达并进行记述，砖雕就是其中使用最为常见的一类。这种建筑艺术的表达，让中国古建充满了温柔及善意的指引和寓意。

　　这里的影壁更为复杂和精巧。明代在宅第等级制度方面有较严格的规定，一二品官厅堂五间九架（五间房九支柱），下至九品官厅堂三间七架

（三间房七支柱），普通民众则不让超过三间五架（三间房五支柱），禁用斗拱、彩色，所以在民房中难见到木质斗拱的构件。但作为一种身份的象征，富裕人家还是愿意设置并无等级要求的影壁，在影壁上加设砖雕斗拱，一样可以彰显主人家的富贵和地位。蔚县影壁与宫殿建筑的样式类似，顶为砖脊，脊两端设有吻，吻可为瑞兽或是其他吉祥造型，其下分层设置瓦当、滴水檐及飞椽（图2-6）。再下为砖梁，即三门肩墙。说到三门肩墙，还要先从二门肩墙说起。把垂花门的造型平面映射到一个影壁内，二门肩墙就是指垂花柱及门杜所在的两道砖梁。又出于在影壁中叵见垂花柱设置了两层，这是实体门头中比较少见的。这第三道门梁及第二层垂花柱在浮雕中却很容易实现，所以就有了三门肩墙。照片中的影壁部分，在民居中多数以空白的铺砖为主，并不雕饰，影壁下设底座，式样为收腰碑座型，古称为"须弥座"，为最常见的碑座式样（图2-7）。因清初多见两门肩墙，但在这个地区三门肩墙却极为普遍，大约可以想象当时当地的富裕和繁荣程度。对影壁予以突破性设计，也算是一种大胆的建筑尝试。

图2-6　蔚县影壁（一）

图 2-7　蔚县影壁（二）

因元代以前民房多数为土坯房，明代后民居出现了更多砖瓦房，所以蔚县古代民居涵盖了辽代至近代的各种类型，建筑价值很高。更为重要的是，目前蔚县的不少老式民居仍处于居住状态，有人居住则就有人气。如图 2-8 所示的民居，是极为难得的活标本，留有生活气息的老房，恍若穿越时光。本书中只有这个地方仍可以见到白纸窗棂，即是那个用手指可以捅破的窗棂纸。拥有窗棂纸才是完美的窗棂，才是真正的古色古香，窗格在白色麻纸的映衬下，展现出北方民居的优雅和朴素的一面。虽是农村，但是色调反差，显得干净利索，丝毫没有纷杂脏乱之感，极具窗棂的古装美，在这里我驻足了良久。曾以为纸糊窗棂已消失在历史的烟云中，没有想到在这里还可以看到，如此真实，保护如此完好。院里堆满的玉米，则说明着主人的存在，证明这老宅依然健康地活着，能看到的还有这难得的清净自然，能闻到的还有着细雨中空气里充斥的土壤味道。这样的场面非常温馨。在城里太久，多了欲望少了幸福感，突然很渴望这种农村生活，虽然艰苦，但却简单，只能叹口气，已经回不去了，看看即可，唯美留存在心间就是。

图2-8　蔚县古民居

　　这是关于荒废的一组照片。门前的枯树让观感甚是悲凉，这该曾经是一个的大户，很经典的北方古代民居（图2-9），当然都已经毁坏，而且很彻底，但通过这些遗迹却可了解民居的建筑布局。蔚县院落与四合院类似，为东西向厢房，正房坐北朝南，多为三进院，以显示主人的富有。如图2-10可见大门设在整个院落的东南角，院落之间为套接，大门之后为一进院落，大门旁即为二门，也就是垂花门、二门之后为二进院落，为左右厢房格局。再其后为穿堂，直达三进院落。如图2-11位置则正好反向，为三进院落内，背后为正房，朝向为穿堂，穿堂之后可见的是二门，可以看到垂花柱，这是个解释垂花门为二门说法的实际案例。除此之外，这座荒废的建筑，也展示了建筑中三重檩的做法。已经脱落的屋檐彻底暴露了檐梁的做法。在中国北方的古建中，采用三重檐檩的也较为常见，适用于无斗拱的建筑内，但民居则不多见，毕竟三重檩竖立，造价并不便宜。相应的好处就是檩条可以减小，上面的一根叫檩枋，处于中间的称为垫板，下面的一根仍叫檩枋，上撑檐口，下接门扇。而图2-9由于坍塌，出现了一种奇怪的建筑形式，同是四合院的形式，但在不大的院子中却

图 2-9　蔚县荒废民居（一）

图 2-10　蔚县荒废民居（二）

图 2-11　蔚县荒废民居（三）

有着与房屋规模不符的影壁，并且高于了周边的建筑。影壁上留有圆形的痕迹，可见其上曾有图案，古称为"盒子"。这在所见的民居类影壁中还属少见，故记录下来，虽然目前看似不配套，但却还是带给我十足的震撼，杂草丛生、天色灰黄，房屋以相互搀扶的样子，一并倾倒，极具沧桑之感。

古代民居在存活的时候体现出建筑使用价值，而消失的时候则为建筑历史价值。中国古典建筑的设计理念，同源于民族的内敛，智慧、条理、中庸等特质，通过建筑贴切地表现出国人性格特点，如建筑对称与国人中庸的古典唯物主义有异曲同工之妙，只是院落时代变迁，房屋荒废，不见了当初的繁华，剩下那些失去中的美丽，可悲人已离开则建筑不再，凄凄荒草怎耐尽是无语的渴望，可惜了这般景色。

四 》 无法飘散的纸窗棂

窗棂纸是古代建筑工匠的优秀设计，摄于已经废弃的民居（图2-12）。曾遗憾于纸糊窗棂的慢慢消失，现在却惊奇于当地民居仍在使用。窗棂纸的坚强程度并不亚于木质构件，可以看见一点点的被雨水冲刷，被狂风吹落，一点点的磨薄，最后透光，但却尽显坚强，让你感叹于这怎么会是麻纸。其实纸这种建筑材料，轻薄脆弱，但只要合理处理、放置一样坚强耐用。将窗棂纸在窗格内层进行糊裱，尽量避免了雨水直接侵袭。一般为多层麻纸糊裱，每层麻纸刷桐油进行防水处理，于窗棂内部进行糊裱，外部窗棂与在麻纸相互映衬，则让层次更加鲜明。而采用透光性好的麻纸，同时解决了采光问题，每年的重裱修理，会让窗棂焕然一新。所以这种古香古色的技术，早已将建筑文化与技术相互交融，也为中国古建遗失最为严重的一部分，建筑材料的更替，使窗棂纸已经不具备存在的任何理由。在路边偶遇到一个来装玻璃的师傅，说也就是这几年才开始慢慢流行改装玻璃，但是可见消失一经开始，就不会停止。这种遗失将是彻底的，所记录的文化将不复存在。落后还是传承我不敢轻言说对错，但是多少可惜又要失去些什么。时代在飞快进步，我们无法停下脚步，以后博物馆再看到的东西，怎能感觉出全貌，怎能再有活体的文化。

图 2-12 蔚县窗棂纸

五 废墟中的细节

一片废墟中的格扇墙，土墙已毁，檩条也脱，断壁残垣中，仅存格扇木墙部分（图2-13）。而木墙业已变形，却充满历史的痕迹。与周边的荒废不同，它依然倔强挺立，仿佛如同建筑博物馆中的一块展品，荒凉中却真实，让我仔细端量它的前世今生。掸去上面泥土雨水的印记，依稀可见曾经的模样。

格扇为南方北方兼有的一种传统建筑工艺，即为内部空间的分隔墙，由多个扇板构成墙体，扇板与上下的垫板间采用槽式安装，依靠之间的摩擦力固定。一块格扇多分上下两部分，上部为格心，即透空有图案的部分，如照片中的"回字"格扇，下面为裙板，为整块木板，也有分为上中下三部分的类型，顶部再多设一板为顶板，这里不多描述，在后面章节还有介绍。格扇的形式是中国古代典型的内墙形式，在北方局部地方目前还有沿用，并发展为格扇窗等建筑式样。后面裸露的一小段残墙，被我偶然发现，却很典型，被称为"下碱"，就是砖土混合结构中山墙下面的一段，约占墙的1/4~1/3，是常被人忽略的构造。这里"下碱"部分采用了砖砌，且比上方土坯要略厚，可有效增强山墙的稳定性，也为比较特别的古建砌筑理念之一（图2-14）。

图2-13 蔚县门头（一）

图 2-14 蔚县门头 (二)

门头，蔚县的门头，与后面所介绍的塞北民居的门头相似，主要由于距离不远，但也有很多不同之处，使其更具备华北建筑的特色。此为拱形门洞，与前面所介绍的影壁一致，是对木质大门的一种模仿，同时也是对门头气势风格需求的一种表达。设有檐脊、吻兽、瓦当、滴水瓦及砖砌的檐梁。同上文所述，也有类似于垂花门的退立体化表达方式，所以可见到二门肩墙或是三门肩墙的样子，但需要注意这些造型并没有加入石材等其他材料的痕迹，只是在图2-13中有了木质挑檐的设置。这也可以与后文塞北的门头做对比，很相似的功能，材质由石材变为了木材，长短也不再相同，并且考虑到所承载的荷载较大，所以在门头两端均设置了木质挑檐，寿命也比石材要强些，不宜在上部墙体发生扰动时，产生不平衡而加速开裂。

在图2-15中需要注意另一个细节，就是这个地区门脊端侧的脊吻处不仅只有一个方向，而是从水平方向伸出正吻，在大约水平45°的方向向外伸出侧吻。第四张照片就是一个侧吻的大样，使整个门头更有层次感，造型也更为繁琐和精致。虽处于偏远小村，古代工匠的高超技艺和创造力却令我十分震撼，代代都有高超的古建技艺，只是有些技法，在现代工艺的冲击之下，确实失掉了传人，实属无奈，未来也只能回望藏品和仿古建筑了（图2-16）。

图 2-15 蔚县门头（三）

图 2-16　蔚县门头（四）

关于损毁，图 2-17 重点说明当地房屋的毁损方式。照片中有两处墙体裂缝，位置均处在上部砖墙与下部土墙的交界附近。由于土砖的承载能力要比烧制砖差，土坯砖及烧制砖对于外界扰动及自然沉降表现亦不同。在漫长的几百年之间，这种受力不均匀所产生的不平衡会逐步放大，进而产生裂缝，随着时间的推移，裂缝渐渐变大，直至房屋失衡、倾颓。不过对比几百年的时间段而言，这样的建筑设计及施工水平已经很高，尤其还是半土坯的民房，已实属不易。

图 2-17　蔚县古民居常见损毁方式

　　这里表达的是个细节构造，是华北民居防火墙的做法（图 2-18）。与江南建筑的马头墙功能一样，华北民居的山墙也具备防火功能。山墙的上部设有檐砖，一般呈阶梯状，通过它的严密封堵，把屋顶内的可燃建筑材料全部藏于山墙檐砖内，起到相应的防火效果。当然这样防火山墙的墙面也不允许开窗，而这个阶梯是怎么做出来的呢。其做法困扰我很久，直到看到这个照片才豁然开朗，更加赞叹于当时瓦工的技艺了得。大家可见阶梯状构造中破损的檐口，右下角显露出了做法的马脚，最下层的第一条线其实是水平放砖突出外墙 1/5 部分，沿着山墙顶线铺设而成；其上第二条线上则将水平放砖在之前的基础之上继续伸出 1/5 部分，这就形成了最下部距离比较接近的两条外观线；第三层砖则是立放于水平砖上，边缘依然比其下的第二层砖伸出部分距离，形成了第三条线；而最上面的那条线依然还是水平放砖于立放砖之上，也伸出小部分，则从外观就可以清晰地看到形成了阶梯状的外形。而由于立放砖与平放砖的模式交替使用，则使整体效果有层次感、立体感，有宽有窄，不单一，山墙则变得造型严谨但又不拘谨。工匠对于砖与瓦的多样组合及即兴发挥使古建充满了创造力，也是中国传统建筑重要的魅力所在。

图 2-18　蔚县民居防火墙做法

六 >> 雨中古戏楼

雨中的古戏台。戏台是这里每个村庄的必备建筑，留存至今的数量也不少，这里把戏台单独拿来介绍，主要是出于对当时建筑师的设计想法的钦佩，通过戏台兼城门的功能转换，让一个建筑实现了两种功能。

通道的两侧，戏台地面均预留着凹槽，日常使用中，这个建筑物是门洞。过年过节之时，在其上搭上一块块木板，就转化成为戏台，卸下木板就又恢复为门洞。这样即可使建筑物使用率得以提高，也从侧面降低了建筑造价，简单的一个建筑构件就涵盖了设计师的解决之道。

在如今，将各种使用功能尽量综合，也是现代建筑节约成本的一个思考方向，是先人留给我们的建筑智慧。古代建筑的节能也好、节约也好，即便建筑已经被废弃，但其中优秀的设计理念却仍然值得吸收和学习，用于今日的建筑设计中（图 2-19）。

图 2-19 古戏台

七 牌楼风韵

这是座保护很好的牌楼。这并不是出现在影视城的外景基地，而是实打实地坐落在村落一角，仍被使用，只是不再是道路的指引（图2-20）。牌楼上面的题字早已不知所踪，不过作为木质的牌楼，其保护却极完好，而且非常典型。牌坊与牌楼的区别最主要就是设不设屋檐，这个黑漆漆的牌楼恰恰有顶，所以为牌楼。牌楼多用于古代街道之上，其上会悬挂街道名称的牌匾，四个石墩被称为夹杆石，专门用于木质牌楼建筑中，上设有凹洞，固定木质楼柱之用，使其更好地抵抗风压。横向的梁这里被称为额枋，额枋与立柱为卯榫联结，楼顶下中间额枋与立柱所交木板就是安放牌匾的空间。而两侧额枋与立柱所交的栏杆状构造，被称为花板。如名字所言，在复杂的牌楼中会在其上雕梁画栋。但这个牌楼则太过于简单，甚至有些简陋，一些复杂的建筑装饰全不存在，不过好处是让整个牌楼更为明了和易于理解。

这里让我想起了"古道西风瘦马"那句小令，这里都有，只是断肠人又在何处。这里演绎的故事，我不敢去想，太美的风景，总是多了些伤感，希望你可以坚守，总以一颗建筑的心，见证更多的美丽故事。

图2-20 古牌楼

八 》 井与窖

　　井与窖，两个不同的概念，也不搭边，但是却是民用建筑中常见的两种地下结构（图 2-21）。自从村里通了自来水，井，渐渐被人遗忘。水井一般会采用井两侧设叉形支架支撑辘轳的方式，而这里的水井则更有特点，采用单侧固定，一端叉形支架支撑辘轳，另一端石桩的石孔用以固定辘轳，石孔成为转动的轴心，辘轳上发黑的孔洞装井绳和摇把，中间挂在辘轳上的断裂石块可见井年代的久远，竟将之前的固定石块拉断了，看石孔的磨损程度便可知时间的厉害，管你多坚硬，一样可以改变模样或是予

图 2-21　蔚县的窖

以破坏。水井周围的石板地面，更相当了得，不觉中才发现居然全部是放倒的石碑。用记叙事件的石碑来垫脚多少有些奢侈，只是侧面说明这个地方曾经很繁荣，文化也源远流长，看着过去的碑文倒也变得简单，低下头来学习就是。

地窖在北方常见，在没有冰箱时代，是最常见的食物储藏场所。与现代暖通空调采用地源热泵采暖的原理类似，利用冻土以下的土壤温度较为均匀，冬暖夏凉，以保证土豆、萝卜、白菜等蔬菜过冬储存。建筑深度大约都是 3m 左右，上部较窄，仅一人通行即可，下部空间较大，以便于存放空间尽量宽裕。窖壁可以是砖砌，但更多数的地窖考虑造价，则采用的是土壁夯实，如图 2-21 中的样式，并在窖侧留有下脚的坑洞。

我小时候下窖也是有意思的事情，可能因为那是个喜欢上蹿下跳的年龄吧。我仍然可以清晰地记忆那种味道，泥土夹杂着食物的混合味，那是一种快乐童年的记忆秘方，让我久久不肯遗忘。

九 灰调斗拱

蔚县给我的感觉就是灰色和黄色，灰色是砖，现代的和古代的，黄色是土，地上的和墙上的。如这照片中的墙面和木质，砌个出檐的斗拱来看看，不确定年代，摄于蔚县县城内，不为民居，因为民居建筑内不装设斗拱（图 2-22）。斗拱是属于我国独有的中国古代建筑结构形式，只是因为这是一种非典型的斗拱形式，正好拍摄距离也近，难得看得这么清楚，如同教科书般的直接，故拿来记叙。非典型则是指一般在斗拱结构中阑额（与柱上端相交的水平构件）上直接安装坐斗（斗拱最下层的构件），但这里则增设了垫板，再之上才安装坐斗，这个垫板要宽于阑额，目测原因是为增大受力面积而设。而在梁与檩的联结上，同样也进行了简化，采用了下昂（照片中向下倾角的梁状伸出构件）支撑檩端，檩下设了类似枋条的垫板，坐斗通过支撑枋条间接起到支撑檩的作用。这样的设计也许应该是从均匀受力的角度来考虑。这样的改良结构虽不完美，但在当时应该也是对结构演化的一种尝试。

图 2-22 蔚县民居斗拱

十　曾经的设计、曾经的梁签

　　这两张是带签名的图签，内容分别是建筑时间和设计施工人员，只是签名日期比较久远，是乾隆年间，但保存完好（图 2-23，图 2-24）。几百年过去，房屋岿然不动，字迹亦如昨天。

　　关注了这些签名，是我们这些设计师的职业病，中国古建很早就采用了建筑实名制，一般会将建筑设计者的名字撰写于顶梁之下，也有雕刻于墙砖之上的情况。这种做法在当时的世界建筑圈内还属少见，在中国却已很普遍。不过这种实名制也确实造就了良品建筑，同现在的终身负责制相似，只是效果更为直接和易于辨识，虽现在看来是流芳千古，但遥想当年，也是各专业设计施工几方签字，可想工匠的压力是比较大的。但对比当下一些豆腐渣工程，中国古建的建筑质量确实不错，如果保持定期维护和长期使用，千年犹存并不为奇。只可惜，我们的古建更多数被破坏于历代战争、火灾及现代的废弃和拆毁等，所剩无几。作为这存世不多的建筑，现在我只想说声，古代的同行你们成功了，50 年的使用期现已超过了 10 倍，你们所签的名字依然证明着你们的存在和价值，依然展示着你们的成就，向你们致敬！

图 2-23　梁签　图 2-24　梁签
　　　（一）　　　　　（二）

十一 》 小庙壁画

照片中的建筑已然失掉门窗，完全通透（图2-25）。从外形来看，像是西游记中孙悟空与二郎神打斗时，孙悟空变身的小庙。两个像眼睛的窗洞，多见于寺庙建筑。这是一个典型的卷棚式屋顶，卷棚式屋顶在北方应用很多，在后文还有介绍，这里则重点来看建筑壁画（图2-26）。壁画是指在墙面上描绘各种形象，用以记录一些典故、神话传说、宗教信仰等，同时起到装饰墙壁的作用，是古代人们对愿望、信仰、祈福的一种表达方式，在今天则是了解当时文化及生活的重要途径。与西方教堂内的恢宏油画所不同，壁画更接近中国画风。虽然照片中已看不清楚图案，但却可感觉到画面的五彩斑斓、云松圆润、人物生动、立意鲜明，极像小时候所看的连环画、小人书，也有类似的视觉效果，多以比较熟知的故事出现，更为普通观众所接受。

这次行程中见到最久远的壁画出于辽代，从绘画风格来看，至少是有几百年历史的作品。壁画在屋顶漏雨后，逐渐开始慢慢但是彻底的毁坏。灰色泥浸过靛青条纹，颜色依然鲜明，这种缘自民间的颜料色彩，十分顽强，十分罕见，又十分可惜，十分无奈，这样的建筑财富终将消失，实在令人痛心（图2-25、图2-26）。

图2-25 蔚县小庙

图 2-26 小庙内壁画

十二 时代变迁

后面的内容与时代有关，与建筑关联不大，让时光穿越向前，见证蔚县的时代变迁。先由"直隶"所见，现在到了清朝，皇榜变成了黄榜（图2-27）。岁月不饶人，但是残存下来的字迹还是依稀可辨。这是考试喜报，布告似乎也自觉这将是最后一张，粘贴的格外结实。当墙皮脱落，才让榜单变得零落，但从"捷报"和"第一"依稀的字迹依然可见当年荣耀。为当年高中的哥们叫好，甚至可以想象他的笑容，他的未来，却是我们不了解的过去。唯可惜今天能记录下来的故事，关于他可能只剩这些字，唯有这脱落的墙皮还依稀记得。而我们甚至都不知道姓甚名谁，故人生如梦，宠辱不惊，快乐其实是只对自己重要和亲人重要，百多年后忆往昔，但谁又知你是谁呢！

这组照片的后面就是巍巍太行山。时间穿越到了抗战时期，硝烟弥漫过后，和平时期才倍感幸福（图2-28）。唯叹后山的碉堡、山洞以及鬼子的训练场似依在使用，背后日军地道的大门也似昨天才锁上，而废弃的老井则印证着衰败。图2-29则是日军曾经的营地，虽仅剩一堵墙，但却

图 2-27 发黄的榜单

图 2-28 古井

图 2-29 坑口遗迹

如警示碑一样，耸立于太行山前，让我们时刻保持警醒。那个属于英雄和残酷时代，也是近百年来沉重中华历史的缩影，它纪念了一个民族的顽强抗争与不屈，强大的敌人虽终成瓦砾，但仍需勿忘国耻，引以为戒。透过断壁残垣看到广袤的平原，映衬着这个伟大民族曾经的苦难，民族复兴将是不可阻挡的洪流。

下了太行山就是游击根据地，对比山上的日军，山下的游击队则是融入群众，观音庙的墙上刷标语，更加贴近劳动阶层，工作做到了基层。同样是标语，几十年了，依然红色不褪，格外显眼（图2-30）。如这种精神一样，虽风吹雨打，但却深入人心，亦是我们成功的所在。坚定信念，才能赢得胜利。向在艰苦卓绝残酷斗争年代的先烈们致敬，那种的必胜信念同样需要我们传承和发扬。

蔚县是个很有意思的地方，如果说是时光的电冰箱，一点不为过。从辽代到现代，不管是千年的印记，还是几十年前的回忆，每个时段这里都

图 2-30　标语遗痕

保存的相对完好，这是个善于封存过去的地方。

　　这里是个学习和了解年代的好地方，图 2-32 中的建筑是当时的公社，极富特色的建筑砖雕和"卍"字、吉字，中国结的砖砌造型，虽不够精致，却很大气粗犷。这样大面积的墙面造型极为少见，不能说是有极大的艺术价值，但也算是原主人的一种大胆发明了。看着墙上的主席语录（图 2-33），看着公社箱子（图 2-31），可以隐约了解到当时的精神面貌和工作方式。只是很诧异，在那个狂热时代的之后多年，这个地方似乎并没有发生过什么，异常淡定，时光也被定格在那里。现在的人们依然还在使用着当时的工具，依然延续着简单平静的生活，并没有受到现代的侵扰。

　　时间再靠近一点，这是我所生长的时代，虽然距今天也已有 30 年，但却是能够让我感慨的物件。这幅电影海报都是在废弃的房屋内发现的，时间停驻在了 70 年代。遥想小时候自己家里也贴过这些电影画报（图 2-34），只是过往多年，在这里再见，不仅是怀旧，更是一种思考。记

图 2-31　时光痕迹（一）

图 2-32　时光痕迹（二）

图 2-33　时光痕迹（三）

图 2-34　时光痕迹之海报

忆带我回到儿时的场景。那是个物质还不丰富的时代，看电影就是件奢侈的活动，观影只能来自学校的包场，虽然记忆模糊了，只记得同学们的吵闹声、欢笑声，但却回荡在脑海，不觉中对这些电影画报感到莫名温暖。

　　其实幸福与拥有多少并无任何关系，幸福感缘自不易得到、没有饥饿感的生活，不知道食物的美味，没有彻骨的失去，也不知道爱情的美好，没有经历过这样的童年，是不会理解成长的意义。快速发展的今天，我们失去的是什么？得到的又是什么？凝固的时间中，让我们短暂停下脚步，回头看看我们丢下的这些记忆，曾经陪伴我们，现在依然驻守，而那遗失的却已是我们最珍贵的部分。只可惜人生却都不会重来，仅此一遭，只能继续前行，唯剩珍惜眼前的存在。

十三》 古刹檐铃

　　风中的古刹，檐铃晃动，虽也有惊鸟铃之说，其实为寺庙常见的檐角装饰物件，是佛教各种铃中的一种（图 2-35）。一般设置于佛堂或是佛塔的檐角之下，有庄严之感，佛教认为铃声可以使人清醒，点醒觉悟之意，其实称为醒铃更为合适。微风吹过，清脆的风铃声飘向远方，飘过眼前的这片土地，亦如从前，灰色的背景中默默凝视着几经沧桑的大地，时光如梭，人来人往，变化的是一载载的寒暑，不变的是它轻轻的述说，来者如风，去者如土，带走的是丝丝思乡情，带不走的是那份与大地的约定。

图 2-35　古刹风铃

　　离别这一张是关于孩子，一群孩子在过去的建筑间奔跑玩耍，无忧无虑，一边是过去，一边则是未来（图2-36），他们是保护好这片热土的希望，也肩负着传承几千年文化的重任。感触于这照片中的场景，玩耍的孩子在毁坏城墙的两端相望，我在历史的这头，你在那头，我们曾经很近，但建筑历史就悄然中断在这里，城墙毁坏缺口横亘于两端之间，却不可恢复。曾经的样子失去即永不再见，这就是建筑的不可再生，从不相信遗憾一词。

　　蔚县是个神奇的地方，涵盖了各样的时代遗迹，对于建筑，这里就是一块活化石，既代表了久远，也活在当下，但也在消亡，在遗弃。我并不是一个建筑设计师，也无力拯救。但作为中式建筑的草根文化，这里堪称宝藏。对于这些宝贝，希望有识之士，哪怕是抢救性的收集，保留些建筑，保留些记忆，保留些文化，保留下这些古建筑给我们的骄傲！

图 2-36　对话

第三章　山之东：

面朝大海的石砌青史

📍 山东青州

每个石头其实都是不可或缺，

没有一无是处的石头，自然也没有无用的人。

你是否愿意为了梦想而去雕琢自己？

寻找到属于自己的位置，让自己成为整体中的一部分。

一 古九州之青州

青州市是中国山东省潍坊市下辖的一个县级市,原名益都县,也是中国古代九州之一,城内的古建保护相对较好。青州有历史文化街区昭德古街,为砖砌式民居,与之前所行走的蔚县略有相似,所以并不是本章的重点,其中不同的建筑特色会在后文有所提及。行走选取青州,是因为其建筑地处山区,建筑形式和特色较具特殊性,周边山区村落石砌民居更值得记录,也更具价值和代表性。虽不算很深的山,但却是很偏的景,石头山上的石头房子,伴着溪水,伴着阳光,一边记录,一边也掺杂着对古村民居的随想。太多的生硬在你理解之后,都变得柔软且温暖,现在就跟随我从青州古塘井村及上仁河村,开始我们这次石头民居的记忆之旅。

山东,山之东侧,面朝大海,这里的照片少了蔚县的灰黄,也没有黔东南的阴冷,满满都是阳光,甚至有些刺眼。11月的晚秋,满山的黄柿子,遍地的红山楂,阳光之下稍显慵懒,伫立于石头老宅之前(图3-1)。这样的石头文化,不干涩、不突兀,温暖的光线让坚硬的石块不再有伤感。与黄土不同,他们来自于石头,现在也还是石头,只是样子的变化,工匠的鬼斧神工,让它们组合为我们所居住的建筑,当人们离去,他们慢慢又分散,渐回到曾经的位置,迟钝且不为周围所动。

石砌建筑是一种极为久远的建筑方式,在西方宫廷及宗教建筑中应用最为广泛,在中国并不算多见,不过作为民居在藏族、羌族及山地聚居的地区有使用的印记,也是古代民居中的一个重要部分,很有介绍的必要。青州地区的石砌民居尤其典型和彻底,与青州市内的砖砌民居仅相距几十公里,却完全不同的材质和风格,令人不解,石头不具备年轮,建筑的年代已经完全没有考证之处,这些遗迹本身就是一本关于石砌民居的厚重史书。

二 山区民居院落布局

　　山区民居院落多以三面建筑合围的三合院式样为主，同黔东南建筑类似，会依山势而建，布局自由，注重实用和建筑的方便，一般不太在意朝向。但房屋会考虑成排布局，格局有一定的整体性。房屋以石块筑垒而成，整个院落从门楼到围墙，从台阶到墙身，均采用大大小小的石板石块砌筑，其中房屋正面的窗下至基础及门四周等处石块与其他部位略有不同，采用经处理的规整矩形石块砌筑。房屋正面两角也采用承重能力好的大块条石堆砌，有角柱的意味和作用，其余墙体结构如同现代砖混结构中的砌体墙一样，为不规整条石或是碎石堆砌。这种石头民居一般配以木门窗构件，老式窗棂多见为井字格式样，整体搭配的观感质朴粗犷。

　　民居从建筑艺术上来看并无特别之处，技艺相对落后，但对比北方的砖砌房或土坯房为主的建材形式，建筑中石材的使用本身就是独特之处，也更具施工难度，对施工的质量也要求更高。而作为一种建筑遗产来说，因为更为少见，也是十分珍贵。石材自重较大，只要建筑牢固，则可长期

图 3-2　山区院式

留存。如图 3-2 所示，虽已彻底损坏，但整个石砌部分相对保存完整。石头房子的建筑形式简单但却代表了一个重要的建筑时期，这是一种对独特建筑形式的回忆，也是对曾经生活方式的一种记录。望有建筑专业人士能够透过这残破看到其中的价值，关于它的保护已难言意义，但作为建筑故事却源远流长，10 年后这样的建筑也将会越来越难以见到，且行且珍惜吧。

三　堆叠的艺术

　　石头民居的建筑特点缘自堆叠，古代就有埃及金字塔、玛雅金字塔等利用石头造就的世界建筑奇迹，因为石材的优点就是不易风化、腐蚀。石材的采用使建筑物能够得以更长久保存，又由于施工的难度巨大更加被后人崇敬和纪念（图 3-3）。石材本身自重大、加工难度大，运输不便利，且施工的要求苛刻，需要对每块材料准确计算。而通过大小不一的石材砌筑为一栋外观整齐的建筑物，则更需要严密的统筹计划，所以用石头堆叠出既美观又安全牢固的居所，对那个时代的人来说是很了不起的壮举。只

图 3-3　堆叠的艺术

是针对民居而言，石头同样为堆叠，但却是大小不一、规格不同、石材加工的痕迹也并不明显，而更多是杂乱中的叠放。但如若仔细观看，还是存有一定的规律。大块石材砌筑成外形结构，而小块石头则填补空隙，尽量让每块石头各尽其能，不追求细部的不平衡，更重视整体的平衡。

　　照片中的石堆，杂乱中却不松散，看似塞进去的小石头，如果想要拿出来其实也并不容易。看似将要坍塌的样子，却依然矗立稳定，可以说看不出来规则也没有了样式，但是结实牢固，尤其这些民居是出现在山区村落而非城市，更能体现出当地劳动人民的勤劳和智慧。

四　平整的石材与墙体

　　图 3-4 为石砌墙体构造，图 3-5 则是石砌建筑的材质页岩。页岩是远古时期，在河水长期流动的过程中，黏土、植物、动物经过长时间的沉积，逐层压实、脱水、高压、最终石化，并且形状上可以清晰看出来层状构造的岩石，所以经常存在于古代的湖泊、河流地带。而照片中的页岩除了具

图 3-4　石砌墙体（一）

图 3-5　石砌墙体（二）

备了常见的层状构造，石板更为平整，层次更为鲜明。自然界鬼斧神工的雕琢，断面犹如被剔凿过一般，平整度更好，岩石的层面之间也极为水平。可见在形成的千百万年中，环境稳定并不受扰动，这样的岩石造就了这样的房屋。自然属性良好的石材，降低了施工的难度，也让建筑墙体的平整度极佳。正因为就地取材，才造就了今天这样的石砌建筑，与中国其他地区石砌建筑的成因相同，但是效果更具特点，存有天然的平整。

由图3-4即可看到，这样石材砌体结构形成的整体效果，与自然的岩石形态相似，较大石块层筑，采用较小石条封堵和找平，再之上继续砌筑大石块，依次类推，逐层叠加。大石块构成房屋稳定的框架，而小石块则维持着细部的平衡，同时填充则让墙面尽量平整。从侧面可见虽然每一处都不平整，但是整体的墙面效果却一目了然，如装修中的假石墙般整齐，只是这是真的石墙。

石砌民居的外墙为内外两层结构，大约厚度为49厘米的模数砖墙或稍小，两层间也有犬牙交错的相互搭接，但仍然明显可见中间形成的竖向空隙，空隙的存在则让墙体保温及隔热效果更好，相当的墙体厚度也在增强着这种效果。类似黏土砖外形的石块进行堆砌，只是石块面宽侧设置于墙进深的方向，面窄侧则设在墙外面的方向，这样的砌筑特点解释了拉结效果，使两层石块的砌筑墙不容易脱离，两层面宽侧的石条在部分区域相互深入，相互承压，依靠石块之间重力及摩擦力相互作用，从而形成了稳定的砌筑结构，墙体内少许填充灰土，以弥补碎石块留下的细小缝隙，填充灰土在石头砌体结构中可见，但却并不是很多，它的作用不再是抹墙或是粘连之用，其实即便有也已经被雨水冲刷掉，可以说这是纯石头堆砌的墙体，这也是不同于其他地区石砌建筑的神奇之处，极为巧妙。

五 骨瘦嶙峋的屋架

这里看的则是屋架结构，清晰展示如同解剖（图3-6）。石砌民居的屋架结构与我们常见的各样建筑均不同，首先不再是梁柱结构，房屋不设置梁及柱，仅设檩条，而这些檩条也不再是传统意义的檩条，规格并不粗，分为横向设置的 5 排檩条，进深方向竖向设置的 2 排檩条，檩条两端架在石头的墙体内，压在石头山墙之上。横向的檩条与竖向檩条的交接之处予以固定，其上下设垫板，先将横向檩条在交口处对接，采用上垫板固定，再与纵向檩条通过下垫板固定，成为一整体，最上层三檩交界之处，则采用了叉型交叉，纵向檩条交叉固定后露头，将横向檩条架在固定的叉口处，以达到稳定的受力角度，檩条其上设密实的铺秸秆保温层，再上采用泥巴铺设红瓦遮雨，形成完整的屋面。由于屋架结构不设有梁柱，在毁坏的建筑中，屋面塌陷者居多，也就是檩条交口处容易被破坏，可看出来这种结构的缺陷所在。

图 3-6　屋架结构

六 简约的檐口与山墙

檐口的做法，构成屋顶下的檐板为条形石板，多为 0.5~1 米长，伸出部分为 30~40 公分，宽向或宽或窄没有要求，一般选取较为平整的石板，且石板的厚度多为 10 公分左右。这是正房的挑出石板，可见正房的石板有明显剔凿加工的痕迹，石板的宽度、长度及厚度都大致相同（图 3-7）。而偏房的檐板则没有加工，大约齐平即可，可见房屋的重要性不同，对石板的平整度和规整性上要求也不相同，檐口伸出长度方面，正房的石板也会长于偏房，并且檐口可以分层做出阶梯状的造型，以满足挑出的长度要求。偏房会考虑重要性及降低造价等因素，檐板多数情况下会比较简单，只是挑出屋檐石板即可。

另一个门洞檐口则粗糙无比，与建筑艺术并不搭边，只是在我的眼里，总还有它独特的观察角度，明显的暴露了檐口几种材料的关联及做法。首先是墙体泥灰和石块的关系，可见在石块的砌筑过程中并非每层均要铺设

图 3-7 檐口的做法

泥灰，而是会选择空隙较大的石块缝隙进行封堵，其作用并非黏结，而是填充之用，而木质的檐檩与石墙的搭接做法也是十分简陋，双层檐檩，下圆上方，似蔚县檐檩，但固定仅是将檐檩压在石墙之上或是穿过石墙即可，虽然这里表达是门洞，但可以认为雷同于屋面檩与墙的搭接做法。再之需要表达的则是麦秸层的设置，檩条与屋瓦之间基于保温和固定瓦片作用，会设置麦秸层，麦秸秆的作用主要还是保温，次要的作用则为挂瓦，其上会铺泥灰，用以固定屋顶的瓦片，这就是石头房屋的屋顶细部做法。一个看似不起眼的结点大样，并不仅是一个门洞的做法，其实也是多数北方民居的屋面构造，简陋但却明了。

山墙顶部由石块堆叠而成，呈人字形（图 3-8），至顶部后，改为较山墙更宽的薄石板压在顶部石块之上。目测大约为半米左右的宽度，长度依据天然石材，大小不一，将其沿着山墙的外围曲线进行铺设。石板内侧

图 3-8　山墙顶部做法

与墙内边齐平，而外墙侧则挑出20~30厘米，主要为侧向的山墙防雨之用，下端与檐口部的水平石板相交，成锐角状，压在檐口石板之上，使檐口部分的稳定性得以加强，整个结构也相对完整。但在人字顶部相交的宽石板再无固定，这样顶部较容易遭受破坏，实际中也确实如此。

砌筑的外形特点，除了随意堆砌的墙体石块，在房屋正面两角、门四周的石砌会略有不同，图3-9中已有较好的诠释。屋正面的两处角线及门四周及窗下会采用平整垂直的大块石砖进行砌筑，规整的大石块较易于堆砌，有相对好的稳定性，可以起到一个石柱的作用。有类似于砖混结构中构造柱的作用。其外观又接近现代建筑中角部的装饰性贴面，石材设于这些位置也起到了类似的装饰效果，让整体观感整齐有致，突出门及屋角等重点。

图 3-9　墙角的做法

七 >> 窗与门

窗的建造及造型，石砌建筑的窗造型上并没有太多变化，与其他类型民房的窗相比也更为简陋，同样要有过梁，只是在过梁的设置上较有特点，拿来介绍。两张照片两种过梁，两种样式，两种感觉，式样上分别为拱窗和方窗。图 3-10 所示为山墙窗的过梁，采用了红砖的拱形砌筑，依靠拱形挤压形成对外张力，起到对上方石墙的支撑作用。图 3-11 所示为面墙窗的过梁，采用了木质过梁，两端搭在石墙上，依靠木质本身的承重能力，承载上方墙重。这样的窗过梁由于上方重力太大，时间太长之后则会向下压弯变形，如照片中所示的方向倾斜。而山墙之中的窗，是仍在使用中民居的窗，采用石条过梁，两端也支撑于石墙之上，但由于石条不存在于变形，承压能力更好，所以较相对于木质过梁而言，砖拱和石条的承载效果要好很多。但需注意的是砖拱需要窗上方的空间较大，要有足够的弯曲半径，而石条的过梁则要考虑与门过梁的材质一致，已达到立面效果的统一，所以实际使用时，多按照窗的位置及高度等现场情况来确定采用何种过梁。石条的过梁使用在这里最为普遍。

这里的门与北方砖房的门大致相同，鉴于石砌房屋的建筑难度太大，又多处于偏远地带，较为贫困，故老式民居的门头都极为简单，仍然为门扇式结构。扇板分为上下两部分，上部井字格扇心，下部为实心扇板，上部的门过梁为木质过梁，井字窗棂最简单也是最为常见的形式。放大细节，可以清楚看到石头剔凿的印记，每一道都是透着白的时光，穿越过去，似发生不久，记录总是停留在那一刻，足够深刻和持久，这就是石头的魅力，穿过窗棂，看到的不再是以往所见废弃民居的生活痕迹。对面仍然是石头，一样冷清，并无差别，很难以想象多年前人们的生活方式，但可以确认十分艰苦，也很简单，冷已经是冬天的唯一感觉，而这些冰凉的岩石则让这感觉无限的加重。

八 >> 基础与墙的分界

关于基础，石头房子的基础相对砖砌建筑而言也较为简单，不再存在

图 3-10　窗类型（一）

图 3—11　窗类型（二）

转换，即为一体，石头房子建立在石头的山上，地下的岩石就是天然的基础。照片中的房屋后墙依着山势而建，用大石块堆出基础（图 3-12）。对于同是石头组成的墙，基础与墙体的分界线只能拿相对整齐来予以区别，基础更像是随意堆叠，石块巨大且没有规则，弥补着山势所形成的洼地，相对于墙体要更宽，以保持整体稳定性。而墙体则像是一种砌筑，虽也不成标准，但尽量考虑水平和平整，如照片所示观感整齐的部分就是墙体，而那些明显突出在外石块即为基础部分，应该不难于确认。

图 3-12　石屋的基础

九 石头物件，不陌生的过去

两个老物件，图3-13中的石头磨盘，用来磨豆腐，图3-14是一个石碾，用来给谷物脱皮。这两样农具在北方农家院中都很常见，是古代居民不能缺少的生活物件。放在这里，感觉却更为加重，与石头的山，与石头的房，石头工具相得益彰，不再显得突兀，更显得搭配自然。坐在磨盘之上，静静陪在废弃的石屋旁，这是一种很怡然的感觉，落叶婆娑于上，荒草将其覆盖，世界变迁，有种遗憾叫不能带走。从小长大经过的事情，朋友，亲人太多，但是却无一例外不能带走，陪你走过一程，路过后又是新的朋友，新的事情，甚至连父母都渐行渐远。不知道那些曾经一起走过的人是否还安好，不知道那些陪我们玩耍的玩具是否还在。如同这石碾、磨盘，铺满了落叶，藤蔓着杂草，许久不再使用，木把已经烂掉，阳光下却不见颓废，似感觉昨天还在吱吖作响，期待主人的归来。古人愿意将文字刻于石头上，很有道理，海枯石烂是对石头固执性格的评述，它可以默默地等待，默默地记录。纵使时间蹉跎，人来人往，它心依旧淡定，一个不需要观众的老伙计，但却满满承载着陪伴和记忆。

图3-13 石头物件（一）

图 3-14 石头物件（二）

十 倔强

倔强，光影中树的残枝伸出了墙外。选取这样一张关于生命与石头的照片，是为这树而震撼，也是点出人类与自然的共生共长（图 3-15）。遥想这种破墙而出的顽强，是何等壮烈！遥想这种纵树穿墙而过的大度，又是何等宽容！人生中有些梦想是需要遇到可栽培之人、扎根之地才可变为现实，另外一些梦想则是需要有敢于破墙的勇气才可能实现，虽然结果可能如同这逝去的树干一般，难免磨灭，但为了见到阳光，想必它努力过，也成功过，也必定感动了很多人，给予了许多人勇气。

当阳光照射在它的树干时，更多的是被赋予了一种精神。如树般，人也脆弱，如树般，人也渴望阳光，如石头般，我们的前途坚硬坎坷，如同它的经历一样，我们也要一起走过这些磨砺，为梦想付出巨大的代价甚至生命。墙外之树可以不为理解，继续生长，但为了梦想而逝的精神，在这个世界上却从未被人所轻视，即便已是残存，多年后也依然昂首面对阳光，这何尝不是一种人生态度。选择了就走下去吧，哪怕坎坷、漠视，继续你的义无反顾吧，只因为这也是一种活法。

荒废的屋顶，照片摄于石头民居的屋顶，可以清晰见到屋檐上覆盖的秸秆，变形的檩条，甚至还有几块没有掉落的红瓦，颤颤巍巍地立在檩头。巨大的孔洞，压弯的檩条，证明了房屋的久远，也见证经济发展及观念转变之后房屋的废弃（图 3-16）。越来越多年轻人离开山村建造新式的住房，现代民居的不断建造，仍在使用的石头房子则急剧消失，废弃民居越来越多。荒废的屋顶，刺眼的光芒宣泄而下，放肆的对比着黑色的屋顶，许久不曾再有人来过，让人萌生许多感慨。曾经屋檐下一同共度风雨的人如今何在，曾几何时的荣耀终是难免如今的衰老，无论建筑或是人生都在太多无奈中的慢慢老去。而太多的遗憾是曾经未来得及绽放的青春，或是曾经未来得及表达的爱意，这一刻放下的荣耀是太阳折射下的沧桑，以及被人遗忘的过往，不知不觉中隐藏在每缕稻草间的感伤喷薄而出。感叹那缘自世间的风起云涌，被无奈统统洗净，淡定中看破风雨，独自老去。

图 3-15　倔强

图 3-16　荒废的屋顶

十一　潍坊老砖房的草顶

　　另外一个主题，也是另一种建筑式样，这是位于潍坊城里的老砖房（图3-17，图3-18，图3-19）。这是个砖砌结构配茅草屋顶的民居式样，也是极为少见的屋面做法。观感和效果都俱佳，如果不是确切为老宅，我觉得这样的设计理念该出现在现代，而非发黄的过去。草顶采用秸秆铺设，秸秆为菱形编织或是横向编织成帘，如室内照片可见，每隔半米进行一次固定，捆扎之后，分层铺设，结构紧密，铺设多层，足够的厚度和密实性，以达到防雨的效果，同时菱形或是横向编织的效果，使其不宜吹散，增强屋顶的抗风性能。编织的秸秆帘相互固定，成一个整体的茅草屋顶，正面则像铺盖上去的厚厚棉被，由于秸秆中间的空洞，使冬季保温及夏季隔热的效果俱佳。屋面檐口上留有月牙形的麻刀灰环或水泥环，既为防火阻隔带之用，同时固定了草顶。屋脊处设置脊瓦及单排屋瓦，脊瓦将秸秆帘交口处进行了封堵，单排屋瓦则压住最顶层的秸秆帘，控制顶部造型。考虑到草顶容易生虫，在每年的维护时，在秸秆中撒以石灰用以防虫，檐口的

图 3-17　砖房顶（一）

图 3-18　砖房顶（二）

图 3-19　砖房顶（三）

处理也更简单，却很有浪漫的气质，也是我一眼难忘的地方。秸秆上长下短，与一个帽檐类似，逐渐收入至檐口，密密麻麻的秸秆洞，是自然界的天然装饰效果，已达到需要的美观效果，又是数不清的空气间隙，保温效果极佳。

十二　平凡的石砌

　　图片虽与建筑无关，但也是一种美学和科学相结合的实例（图 3-20）。虽无法完全体现出这源于劳作中的美丽，但也能表现出这种山东农村玉米和柿子的晾晒方式，较好地解决了如何达到最佳通风的问题。换做是建筑，每个玉米和是柿子都如同一座住宅。玉米类似于点式的住宅，而柿子则像是独栋独梯的样子，再加上水平的联通，似乎连消防通道也一并解决了，且尽量利用空间的同时又增加了自然通风，让各末端得以最大的通风面积。笔者有感于这种科学的晾晒方式，深感其是否也可以借鉴于建筑设计之中，减少机械送风的数量，尽量多利用自然通风，节能的同时，也充分利用和疏导了自然的力量。

图 3-20　山区的玉米

劳动中技艺的升华被叫做艺术，而美学有种展示方式叫做原生态，谁不说如此灿烂景色不是一种美学的表达呢。小时候学过一篇文章叫小桔灯，一直难于理解主人公对小桔灯表达的那种美丽，直到看到这现实版的"桔灯"，才悟到，这山村中最普通的色彩，却是最真实的色彩，无须 PS 就可以表达那种绚烂的极致，其实无论美还是科学，都需要用心去体验，也需要用心下来寻找的。

石头与枯树的相依，这是一个关于不离不弃的画面（图 3-21）。曾经一起，但是树木的生命终究有个期限，现在两个不再具有生命的物件终可以安静依偎，一个是枯木，一个是没有了棱角的石头。五百年的树龄算不上太长，但足以环顾这世事的变化，人情的冷暖，如同树的形状，诠释了一种成长的睿智，也见证了老去的尊然。枯瘦的身姿如同流水泄于树底，蔓延的流线记录太多的看见，斜阳的光线弥漫在树影中，一缕缕的温暖犹在观者眼内。太多记忆似乎凝固在了那一瞬间，望慢慢，且漫漫，泛黄的光线，泛黄的皮肤，泛黄的记忆。

回忆那个曾经执着的孩子，回忆曾与脚下石块的纠结，回忆我们曾经失去的天真，回忆曾经你为我默默的祝福，这是一种需要时间的雕刻，树干上留有的纹迹，为证明生命曾有的痛苦，需要慢慢沉淀，需要慢慢回忆，有了石头相伴，不再孤单，也不再有伤害。

两张生活照，与建筑无关却与当地的生活相关联。山东是著名的山楂产地，十一月份正是家家户户加工和晾晒山楂干的时间（图 3-22），红红的铺满，溢向远方，空气中飘逸着酸甜。

看过了建筑，心情也如此有酸有甜，虽然荒废占据比较多的心境，但这个地方的淡定与平和总看不出伤感的影子。走到疲惫，夕阳西下，可以与好客的朋友坐下一聚，他们是山中给我茶水喝的大爷和给我包子吃的大婶，如远山的呼唤，倍感亲切。

曾听说过一种生活叫做面朝大海，然而我更喜欢这种面朝大山的生活，没有太多纠结，也没有太多欲望，可以喝喝茶，干点农活，可以呼吸山的味道，可以悠然地晒着太阳，看看远山的红叶，听听汩汩的河水，就是惬意。但即便如此，却依然见不到年轻人的归来，如我以前走过的地方

图 3-21 枯木

图 3-22 山楂之乡

一样，都是留守儿童和老人。外面的世界很精彩，外面的世界也很无奈，当我唱起这首歌的时候，希望那些远离父母的孩子倦了累了，可以回到山村来，这里有牵挂关心你的家人，有我们挚爱的土地，巍峨的远山可以接纳那颗已经伤痕累累的心，潺潺的溪水可以清洗你的一身疲惫（图 3-23）。

文章接近尾声，最后一张照片表明了三合院的院落构成实例，仅从建筑角度已经没有太多可叙说的内容，只是石头这种建筑材料，在本书中仅此一处，感觉总是特别了些许（图 3-24）。这是与艺术难以靠近的题材，但石头却是我喜欢的一种东西，可能因为代表了倔强，也是我自己个性和情感的一种表达方式，外表冷漠而内心狂热。那些石头房子中的每一块小小石头，填充着那个属于它的小小缝隙，虽然微小却不能小觑。我们每个人也一样，虽然很微小但那却是这个社会建筑的一分子，都不要去妄自菲薄。就如同这小石头存在的意义，有的小石头恰到好处起到了支撑的作用，有的小石头则正好遮住了风雨。但每个石头其实都不可或缺，没有一无是处的石头，自然也没有无用的人。就看你是否愿意为了自己的梦想而去雕琢自己，让自己成为那整体中的一部分，寻找到属于自己的位置，实现属于自己的梦想。自勉一下，作为结束语。

图 3-23 民风

图 3-24 三合院构成

第四章 粤北风云：

客家大围蕴匠心

📍粤北岭南

一只飞鸟略过屋檐间的蓝天白云，

清淡的感觉中，生活亦如往常的平淡和静谧。

这是一个可以堪称世界建筑奇迹的建筑群体，

斑驳脱落的墙体亲历了当年的繁华。

一 ▷ 客家与围屋的由来

粤北作为客家人的聚集地之一，在千年间战祸饥荒中导致了人口的大量迁移，许多人由中原地域迁徙至广东、江西等地。这些移民相对当时的本地居民而言，有做客他乡之意，这是"客家"名称的由来之一。又由于条件优越的平原或城镇已被当地人居住，后迁徙于此地的客家人多数居住在山区等交通不便或人口稀少之处，所以偏僻的地理位置让客家人多了一份好客的习惯，也以好客而闻名，这是"客家"名称的由来之二。迁徙的客家人同时将内地的建筑引入岭南，并与岭南建筑相结合发展，诞生了如围屋、土楼这样的不朽建筑作品，也是客家人对中国建筑发展做出的重大贡献。本章照片拍摄于广东韶关南雄一带。

本章将通过围屋、祠堂、民居等几种建筑形式的分别介绍，展示粤北地区十分特别的建筑特色，引申出岭南的共有建筑风格。希望通过对这些建筑图片的介绍，使读者对客家古建及客家文化能有些许了解。

客家现存最有特色古建为围屋式建筑，根据地理位置的不同主要分为福建的围龙屋和粤北赣南的四角楼。围龙屋中有被评为世界文化遗产的福建土楼，土楼其造型多为圆形或椭圆形；而围屋四角楼的造型多为矩形或正方形，根据年代不同，细部造型又各有特点（图4-1）。也有一种说法为"富人的围屋、穷人的土楼"，围屋的规模一般较小，为单一大户或家族建筑，而土楼则为村落式聚集居住场所，规模更大，由村民集资修筑。

图4-1 初见围屋

围屋和土楼从作用都可看做一个大型堡垒，主要功能为防御，在土匪、海盗横行的时代，当有匪患等危险时，将全村或家族居民紧急集合到围屋内进行躲避，并通过四角的瞭望口和射击口进行防御和回击，特殊的年代造就了这个特色的建筑。

本次粤北之行将主要介绍客家四角楼。相比圆形土楼，四角楼名气要小很多，数量更多。覆盖区域也更大，江西、广东、广西、福建等地都有遗存，四角楼也已经在申报世界文化遗产。但此次行走的结果还是比较令人失望，大量围屋破坏严重，而部分翻新的现代施工手段亦是另一种破坏。与这些年行走中的所行所见类似，首先是当地村民对古代民居的建筑价值缺乏认识，没有价值意识自然缺乏保护意识，破坏严重也就正常不过，从这种角度来看农村的文化价值观将是未来多年内都需要进行恶补。还是以前那句老话，教育要从娃娃抓起，唯一可惜的是，随着农村青壮年人口的流失，留守的娃娃已然不多，前景同样堪忧。

这是一座位于韶关地区始兴县附近的客家大围，此行中保护最好的围屋建筑，也是最为神秘的大围。我并未进去到内部，大门紧闭，但透过门缝观望，不禁有点毛骨悚然，几个梁上的棺木赫然映入眼帘。客家人有增冥寿的风俗习惯，会在老人在世的时候，即将棺木做好，放置在宗族祠堂门厅的梁上或是围屋的二层。这个村子就是将棺木集中设置在了这个大围内，据说多达几十个棺木，可能有点夸张，至少确实也看到了几个，多少增添了些恐怖的意味。不知是不是真有鬼神护佑，但正是还有这么一个使用功能，使周边村落围屋尽数被破坏的情况下，它依然得以保存，却是个万幸。

这是典型的清代大围，此次行程中类似这种清代的"燕翼围"较多，处于中型围屋，年代以清代、嘉庆、顺治年间居多，为正方形3~5层结构，房间从30~100间不等，根据村落人口的多少，围屋的大小尺寸也不同（图4-2）。典型的特点为四角建有角楼，设外凸式炮楼，火力可实现交叉掩护，顶为人形坡屋顶，角楼之间为平顶围楼，内为通廊，围屋分层设置瞭望孔、传音孔、射击孔，外窗为内小外大，内部的人可以以尽可能大的视角观看室外情况，而外部的人则很难看到围内情况，也较难于攻击孔内人员。

图 4-2 围屋结构

二 》 罕见的排水系统

　　作为民居，专用的排水设
施极为少见，甚至在所行的围
屋建筑中也无出其二。但由于
客家大围为几十户至几百户居
住的大型居住建筑，也就并不
难理解设置的必要性。其余围
屋中没有见到雨水管，只能是
说破坏太过严重或已经消失而
已（图4-3）。

　　从今天的角度来看，围屋
是类似筒子楼的居住格局。大
家共用走廊，圆形的围屋走廊
也为环形，矩形的围屋走廊则
为矩形回廊，屋面角楼沿坡顶
分别从里外两个方向接落雨水，

图 4-3　围屋的排水设施

与下层屋面形成多层叠落，雨水逐层排导，在顶部构造中最低的位置，一般为两楼之间的廊道部分，设置顶部排水口，排水口外接落水管的漏斗。这与现在建筑的落水管构造如出一辙，只是材料不同，排水管为黏土烧制的矩形管道，而非今天的PVC管。上端为漏斗口造型，下部分节陶管套接，逐节固定于墙面之上。套管上的纹饰依然可见，并不因为是非装饰件，就放弃了美化，工匠的工艺和心思可见一斑。

三、坚固的外墙结构

大围的外墙结构，在整个并无目的行程中，围屋在不同时代建筑风格的变化相对明显，主要体现在了墙体的材料及围屋的样式。围屋的外墙分为砖墙、石灰卵石三合土（卵石、石灰、沙子制成的自制混凝土）、条石几种（图4-4）。在清代的大围中，石灰卵石三合土的使用较多，除了围脚及顶部廊道外，从上至下均采用石灰卵石三合土，而到了近代的20世纪初，围屋砖砌的部分则越来越多，整体的观感也更为整齐，石灰卵石三合土则仅用于首层，即对坚固性要求较高的墙体部分，而卵石也并非与石灰直接搅拌而成。从照片中可以发现，外部的卵石更像是宝石般镶嵌于

图4-4　围屋外墙结构（一）

内，按卵石的大小不同、形状不同，分层嵌入，同层卵石均保持着相同的倾斜方向及角度，上下两层的卵石层则刻意互成反向的角度，仍为美观的需要。墙内部亦是如此，而条石的使用则并不太多见，主要用在受力更为集中的屋脚部分，与日本大阪"大阪城"的脚石功能比较类似。这种造型的围屋与日本城堡类古建在墙体结构上有相似之处，均为在基础及底层铺设条石，上部为砖砌结构。

几种建筑材料中最具特色是石灰卵石三合土的使用，这种建筑材料的组合方式在现代建筑中已经不

图4-5　围屋外墙结构（二）

为人所使用，但作为混凝土的一种原始形态，其具备了混凝土所应有的硬度特性。而围屋作为一种防御性功能的建筑，需外墙坚固，且能够抗冲击。故而这种建筑材料被大量使用在围屋建造中，也正因为它的材质坚硬，能够在百年以后尽管内部尽毁，很多的围墙却依然屹立不倒。打个比方，从作用及材料而言，我认为围屋建筑就是现代建筑中的人防工程（图4-5）。

四 用尽心思的围门

拱形门是围屋的另外一个特点，同普通住宅装饰性拱门不同，这里的拱门则更像是一道城门，也与城门的功能类似。作为唯一可以通向室外的出口，其坚固程度直接决定了围屋是否能够守得住，所以拱门复杂的程度并不逊色于城门，一般古建仅设置一道门即可。但围屋从防御角度考虑，设置了三层门，第一道门为铁皮板门，为门栓式外门，木质门心整包铁皮，第一道铁皮板门之后，设有一道由木棒插成的"门插"（趟栊门），后文有专门的介绍。趟栊门木棒的插孔之处，之后还设有一道吊落式闸门或铁皮窗门，掉落式闸门设有导轨通过绳索完成闸门的提升和下落，与城门的原理相同。铁皮窗门设有铁窗，随时观望，战时对外门损毁的状况予以评估，及时调整作战的策略。这几道门下来，基本可以做到对水，火、硬力等各种情况的防护。仅仅是在这样一个狭小空间内，就完成了各样的功能性设计，使空间得以最大化利用。

五 缺损之匠心

这座被破坏的大围位于始兴县附近，为清代"燕翼楼"（图4-6），属于中型四角楼。这里是被破坏的外墙部分，废墟可以清楚了解到外墙的构成，使建筑细节显露无疑，可见墙体朝内的要平整于墙外部分。这也容易理解，内部就是围内房间墙体，自然要平整些，但透露了当时的施工工艺，三合土的模板应该是安装于内侧，而非外侧。石灰卵石三合土的上部结构为砖墙造型的檐顶，为外廊的墙体，从内部看已经没有廊道的样子，但印记犹存，从毁掉了一半的墙体内，外露出砖砌的窗套，可理解三合土形式墙体的窗构造，多为预留砖砌窗套，后期再装入窗户或是瞭望孔。凸出来的墙身则再次验证了这种混凝土结构的强度，损毁之处外挑出来，却不坍塌，相当顽强。只是如今杂草丛生、芦苇摇荡、广告披身、破坏严重，难免让人平添些许悲怆感。

历史的过往总是能留下很多值得回味的视觉效果，当年荣辱成败始终

图 4—6　外墙结构

经不住时间的考验，当过往记忆终被人遗忘，曾经雄伟终变为砾土，曾见过、路过的各式城楼，无不因破旧而老态横生，因老而遍布沧桑，对比人的潦草一生，却已经长了许多，是不是可以放下那些所谓的荣誉尊严，简单的过完此生，能走属于自己的人生即为圆满，关于梦想则更像是锦上添花。

　　这栋"燕翼楼"正面保护非常完好，年代亦不算久远，应为清末作品。可以看到"燕翼"两字，建筑的立面清晰完整。这是一栋没有采用石灰鹅卵石混凝土的围屋结构，整体的样式更为接近于现代的砖砌结构（图 4-7，图 4-8）。外立面充分展现了砖砌墙体的精湛技艺，十几米高的灰砖砌体，用的是平砖顺砌错缝砌法，排砖采用面宽的方向朝外，分层交错一半，拐角处砖面窄方向朝外，面宽侧甩向转弯一边。这砌法是中国古建砌体结构最为常见的一种，相对简单，稳定性也稍差。一般的理念认为平砖顺砌错缝砌法并不适宜砌筑太高，这里则是一个反例，如此之高，时间之久，岿然不动，白灰的墙线清晰可见，勾线笔直，毫不偏离，颠覆了我以往的认识。

　　个人感觉砖墙坚固耐用的原因于两方面，一方面是砖的质量好，灰砖与红砖的制作工艺并不相同，红砖烧制完成后自然冷却即可；而灰砖则不同，需要焖窑并用持续的滴水进行冷却，一个星期之后才可以出窑，成本和难度要高了很多。当然砖本身的韧性及强度都远胜于红砖，常用于古代建筑，现代则从成本考虑使用不多。另一方面则是砌砖采用是白石灰而非泥土，其中还要加入糯米饭或是蛋清作为黏稠剂，这也让砖与砖之间有了更好的粘接效果，也更为密实，使砖墙不易发生松动，两方面的作用加之

图 4-7 围屋立面（一）

图 4-8 围屋立面（二）

工匠的高超技艺使这砖墙经久耐用。

首层采用的建筑材料则是一色的大块石材，齐门高而设，其中的拱形门也是如此，均为平砖顺砌错缝砌法。一样的白灰砌筑，却让整体观感更加庄重，所有的瞭望孔，则均为石材剔凿，分用途大小形状不一，但整体上做到了立体交织，相互掩护，围屋整体上建筑雄伟，有如欧洲的城堡的气势，却尽显中国砌体的结构魅力。只是可惜与外部结构相对应的却是内部的空间的损坏殆尽、一片狼藉，没有经过战争的破坏，却摧毁在了岁月的无情当中，实在让人叹息。

墙体内部的结构，从断壁残垣处可看出，外层墙体上下部分均由灰砖砌筑而成，内层墙体下部由黄色土砖砌筑而成，内层墙体上部则由灰砖砌筑，内外两层之间有填充黄沙（图4-9）。当外墙遭到破坏的时候，流沙可迅速填充破坏处，这种结构与现在的挡土墙类似，这黄沙的夹层构造也是围屋的特色之一，古建营造法式中称之为"金包银"。从防水和坚固的角度来看，设计思路相当巧妙。

照片中内层墙体下部土砖基本毁坏，残存部分和外层灰砖在坍塌中黏合在一起，为黄土色部分；中部的砖土交界面处的黄沙痕迹还清晰可见，为橙黄色部分；上部廊道的内墙同为灰砖墙，鉴于其下的土砖已经不复存在，没有了支撑的这部分灰砖墙形成了凌空的挑檐，但没有掉落，进一步说明白灰的黏结力确实是强，与水泥相仿。废墟中的横七竖八摆着几个窗套，很厚，为三块木板拼接而成，窗框自带了上下的过梁，上下均伸出一段，安装时插入墙内固定，窗框与窗格为一体式的构造，其上格栅以竖条式为主，贴窗框外侧装设，所以窗户并不能够开启，砌筑时需将整体窗框嵌入墙预留洞内即可。

围屋根据规模大小造型各不同，以始兴县的"满堂客家大围"等可容纳上百户的大围为例，造型多为"回"字形，里外两层围屋，分为上堂、中堂和下堂（三进），而本文中所介绍的各种中小型围屋均为"口"字型，仅外围一层围屋，分为上堂、下堂（两进）。

从年代来看，越是久远的围屋，建造特点更多存有徽派建筑的印记。如图4-10中的这栋围屋，二层尚存的部分木质连廊将四周各户联通，通

图 4-9 围屋内墙结构

图 4-10　围屋的徽派印记

过设在一层内部的暗藏式楼梯通往楼下，下面照片的拱形门洞即是楼梯入口。中间为采光天井庭院，但并无徽派建筑天井下的水池，各房间里外均有采光窗，朝外的窗较小，对内的窗较大，仍是从防御的角度进行的考虑。窗户的设置使房间内的采光并不算太阴暗，但也不能说采光充分，毕竟窗户较小。到了近代，小型围屋则倾向于将所有空间均设在一个屋顶之内，安装内部的楼梯和围廊，后文有相关记述，这两种建筑格局或是根据围屋大小而确定，太大面积的屋面难于实现，也有可能与原住地区的建筑风格有关联，如江南一带徽派建筑式样的影响，并没有找到准确的出处，只是我个人的一种猜测。

　　满堂大围是当地最为有名的大围，保护很好，修葺痕迹也比较明显，留有记录的人颇多，我不去凑热闹，这里只是拿来介绍一下围屋的屋面做法。屋面采用南方较为常见的宽薄瓦密叠的做法，整体没有太整齐的要求，故檐口处不装瓦当及滴水瓦（图4-11）。人字屋脊采用白灰筑起，脊角接近硬山式的做法。与岭南建筑祠堂建筑中的龙舟脊多有不同，上翘角度相对较小，不突出山墙，脊顶采用堆瓦式做法，瓦片立放随屋脊堆叠成排。与前文所记述的贵州民居类似，侧檐则采用立砖的造型，如线装书般的造

图 4-11　围屋的屋面做法

型，简洁明了，灰白分明，多有文化气质。两侧屋顶斜瓦交角之处，为半瓦对接，自然甩出落水渠道，从庭院内部四角排落雨水。由屋脊的做法可以发现客家文化的源头，客家于内地迁徙来，围屋作为客家人持有的一种建筑形态，在建筑风格上仍然维持了部分原住地区的建筑特色，屋顶的施工做法也更接近于江南地区。

六 砌筑牌匾中的家风

这栋大围始建于为清代康熙年间，在族谱中记录名称为"上坑围"，建于上坑村。外墙上下均为石灰卵石三合土砌筑，屋四角采用灰砖砌墙，呈不等长的段状造型砌筑，屋盖彻底坍塌（图 4-12）。这种做法常见于清中后期，民国初年上部则多为青砖外墙或是三合土外墙抹灰。这座大围的卵石颜色多样，外墙看起来颜色艳丽，下侧横联上的浮雕图案虽已破坏，但历经风吹雨打依然可见黄色及蓝色的部分图案，相当难得（图 4-13）。围内已经破坏殆尽，目前为养鸡鹅的一个场所，仅剩一个外壳。门上有两道横联匾，下面一道是"於万斯年"，取自《诗经·大雅·下武》中的："于万斯年"意为祝福国运绵长，围顶上方另设一块横联牌，刻有"经营成之"，

图 4-12 "上坑围"上方

图 4-13 "上坑围"一角

意为建造者"德益公"对自己经营有方，事业有成进行的一种记录。不想时间过了五百年，字迹依然清晰可见，源远流长该就是说此意。书信改变了碑刻的记录方式，聊天软件又改变了书信的记录方式，回头看看还是碑刻最为经久隽永。

七 "人造"的无梁结构

此围屋位于南雄市上坑村，族谱记录为"岭梗围"，建造时间为民国初期，围顶为典型的轿顶状，也是围屋末期的一种形态（图4-14）。占地面积不大，墙体同样为石灰卵石三合土，外围有所变化，即正立面进行了抹灰，内部已经被拆损破坏。所以从内部向上看，五层的围屋显得十分高耸，可以直接看到屋顶，但在每层楼板处，原来层板的木梁都被齐根锯断（图4-15），如不仔细看还以为梁端本就这个样子。据说是村民偷锯下层梁，拿去盖了房子，从木梁根部断口看，时间应该不会太长，最多也就二三十年，可想这些年不仅是一种自然荒废，更是加速的人为破坏（图4-16）。

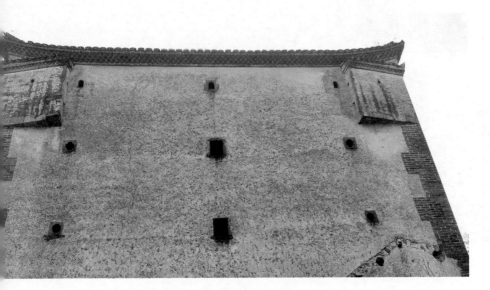

图 4—14 "岭梗围"外墙

图 4—15 "岭梗围"截断的梁

图 4-16   "岭梗围" 挑台做法

　　此行中的大围多数以这种方式逐步消失殆尽，围屋现在仅靠三合土外墙维系着稳定，依然可以支撑这么多年，实在可叹！一方面说明了当年工匠的建造技术了得，施工质量优秀，另外一个方面也说明了砖或三合土的墙体是围屋的承重部分，被锯断的层梁主要的作用是支撑楼板，故整体没有倾覆。由于楼板已经不复存在，可以认为所有的楼板同为木质，所以一样是被拆走，没有了遮挡的屋顶一览无遗，让屋顶观感十分显著，与所见过的各式屋顶造型截然不同，如轿顶般的穹顶，复杂精致，危而不倒（图4-17）。

　　围屋外造型和之前介绍的略有不同，缺省了四个角楼，也是另外一种特色，造价可能是一个原因，规模也有可能是另外一个原因。不过为了弥补视线的变窄的缺陷，在四角增设了挑台。从外部结构可以看出，外挑出承重石梁，其长度恰到好处，逐步递减长度，可维持平衡；从内部看挑台的楼板则是由顶层底板挑支梁出去，架在石梁之上，类似于今天的飘窗。这样的做法向外突出了一部分，向内也伸长了一块空间，较低的造价得到了扩宽的视野。在照片中可见还有剩下的几根梁。第四张照片中所剩横梁是原先的楼梯梁，上方直接托着围顶，如果拆除屋顶就会塌掉，可能这就是依然留存于今天的原因吧。整个行程都是在这种危险中进行拍照，感

图 4-17　"岭梗围"围顶做法

叹建筑的伟大总是让我忽视了危险的存在，建筑的伟大总在破坏中被更加放大。

八　被改造的围屋

　　这座围屋则是被改造的特例，原本是一座四层的围屋，名字及年代不详，但在解放后这座围屋曾经被改造为乡村的公社，所以整体的结构都发生了较大变化。改造后的围屋却是本次行程中最接近于现代建筑的一座，整体消减了一层之后，围屋不具备了顶部的造型，现在顶部为解放后的重新搭盖，有意思的是两侧的围廊建造特点并不同，我个人认为是一半重建而另一半维持不变。左侧的围廊维持了原来的建筑样式，插梁结构，为挑梁出来，外撑廊道，楼梯侧已经腐朽不堪，但却是比较珍贵的围屋楼梯形式实例。而右侧的围廊则采用了新增廊柱，为砖砌柱，柱头起支撑檐梁的作用，檐梁上再设廊板（图4-18）。这更接近于现代的技法，在近代中案例不少，是岭南建筑的一种建筑特色，有称之为"骑楼"，常见于多雨的南方多层建筑中，方便于行人雨天的行走。如今也已不多见，跨越在两种建筑形态之间（图4-19）。

图4-18　改造过的围屋

图 4-19 破损的屋顶

不了解时间流淌中到底发生了什么，屋顶的灰网折射着阳光，倍感夺目，站在即将倾颓的楼板之上，颤颤悠悠，却享受着时间带来的建筑变迁，将一个建筑断代在两个时间端，让我们能够对建筑的变迁多些了解，也多了些许遗憾。楼下的村民，不为这个陌生人所动，怡然享受着变化，仍然安心打着牌，老屋呵护着一代代人的成长与衰老，收藏着岁月与容颜的变化。

九　祠堂的青烟

祠堂是客家建筑中另外一个特色，在客家的文化中，认祖归宗是重要的文化习俗。客家人作为中原迁徙的后裔，在广东、江西、福建等地人数最多，但也有不少客家人远渡重洋去海外创业发展，百余年间诞生了众多杰出人物。除了客家人吃苦耐劳、勤奋聪明等性格优点，成功，毋庸置疑与他们的宗姓文化有极大关系。客家每个姓氏都有自己的族谱和祠堂，凡重要庆典和仪式本姓氏的成员都要在祠堂对祖先进行拜祭。同时祠堂也是宗族议事的场所，每个姓氏均有自己的族训或家规，很大程度上维系了本姓人氏间的紧密关系和道德水准。今天我们社会大力提倡的家规家训，其实在客家的文化中一直有很好的保留，坚持做人规范、做事标准，这些家训成就了客家人的成功，值得今天我们借鉴学习。

照片中着重展示了天井，也是祠堂类建筑的重要特点，在徽派建筑中也有类似做法（图4-20，图4-21）。不同之处在于祠堂的天井更像是室内开的大天窗，而徽派建筑的天井则像是个内院。但是意义是相同的，习惯称为"四水归堂"，是积聚福禄的意思。打个简单的比方：上方天为空气形成的"风"，下方井汇聚天上之"水"，即为"风水"之意。同时天井位置与厅堂里的祖先牌位遥相呼应，成一直线，更显庄重。

来的时候正是春节期间，祠堂热闹之时，空气中香火的青烟，久久不散，漂浮在天井之上，慢慢悠悠，如仙气一般，而背身离去的老者则如一幅剪影，留在了跨越过去与现在的一瞬间。内部的灰暗与室外的耀眼形成强烈反差，映衬着建筑的前世与今生，不是穿越胜似穿越。

图 4-20 祠堂内部（一）

图 4-21 祠堂内部（二）

十　岭南民居的细节

　　两种岭南民居的建筑风格，一个是五行墙，即岭南建筑山墙（图4-22，图4-23）。与内地马头墙等不同，同样是起防火作用，岭南建筑首先考虑到的是五行的相克，因水火相克，最多见到的就是这种波浪样式的水系五行墙，突出的外围造型为阻隔火势之用。

　　而图4-22中如犄角般的突出造型为龙船屋脊，完全不同于内地建筑圆润柔和的建筑风格，飞檐峭壁，气势雄伟，更多见到霸气与锋芒的外露。与前文所述类似，一个靠近于河流的地区，人们对于船上生活方式的崇拜和演绎，随年月逐渐演化，直至刻入了建筑之内，刻画着这方水土人的勇敢与直爽。

　　这里需要注意的是，无论是五行墙还是龙船脊多只采用黑、红、白三种颜色，这是在北方难以接受和使用的颜色搭配，因为色彩反差过大。但是在岭南建筑中得以大规模的使用，深层次原因还是鉴于生活方式的不同，在南方的船帮也多见红黑两色，即是这些颜色使用的由来。在五行墙或是龙船脊上多有浮雕类图案，极复杂和精巧，当地多称为"灰塑"，是采用石灰、蚝壳灰在檐或墙上进行雕塑，这也是一种仅岭南建筑特有的雕刻技艺，上述三种建筑特点不同于围屋，但也为岭南建筑独有的建筑特点。

图 4-22　龙船屋脊做法

图 4-23 五行墙做法

　　这几张则是岭南民居最普通的几处构造特点，不是建筑风格，但却也有不同之处，图 4-24 中的窗户构造在前文已经有所介绍，这里看得更为清楚。两端伸出的窗框，四扇开启式窗户，打开的窗户验证着依然使用的状态，也露出了内设的护栏。南方民居多见，不高却宜搭手，亦如南方人的婉约的风范。同样是土砖的砌体结构，这些砖块有些萌态，似乎比北方

图 4-24 岭南民居之窗

的砖块要稍小一些。其实是因为砖的摆放方向发生了改变，面窄的一面朝外，而面宽的一面摆在墙的进深方向。由于地理位置，该地区砖墙仅设单排砖即可，砖与砖之间的泥浆相对填充的较多，时间长了之后，可见砖缝比较大，层次感反而要更强。

图 4-25 照片则反映另外一个容易忽略的细节，就是屋内的平梁会伸出到室外。这个细节并非每栋民房都如此，但是类似情况的民房数量却不少。并非偶然，仔细观察之后，发现多为临街的民房山墙之处，最初以为这是未来加建房屋的便利之备，因为当旁边不再具备加建的条件时，确实看到这样的伸出梁支已被锯断。但后来偶然发现一户人家的外挑阳台，再想到每个这样的挑梁之上都有一个窗洞，才恍然大悟，原来这里的外支梁是用来加建阳台而进行的预留，确实不好猜到结果，这种特色在其他地区尚没有见过。

图 4-26 则是从围屋到民房的利用与借鉴，石灰卵石三合土砌筑的下碱墙（下碱墙即山墙下部一小段与上方材料不同的砌体结构），而上方则

图 4-25 岭南民居之"出梁"

图 4-26　岭南民居之"下碱墙"

采用了砖墙。这样的墙体下部强度大了很多，承重性有所提高，防水性也有了加强，是一种加强版的"底框砖混"。从已经磨得发光的外墙可以看出，使用时间的久远和曾经人气的旺盛，可见耐用。

而图 4-27 也很难得，在南方建筑中比较多的提及，但是现实中却比较难见的实例，即竹筋土墙。在筑土坯墙时，在土墙内隔几层土砖并放置一排竹片，内外都有，作用类似于现在的插筋混凝土，同为加强墙体的强度的作用，外露出来竹片与"漏筋"的意味相仿，所以比较少见。

趟栊门是一个活动的栏栅，为岭南建筑特色，相当于中国古代的防盗门，同时也解决了南方建筑潮湿环境下的通风问题，常见于潮汕民居，为横向开合，设置奇数根的木棒。这里为 11 根，而广东话中"双"和"丧"发音相同，所以被认为并不吉利，故双数不被使用。这与北方的文化大相径庭，带有典型的广东地方文化特色。多根横向的木棒组成"趟"，这与现在称天窗有多少趟的数量词是相同的意义，竖向木板被称为"栊"，通过"栊"进行推拉，进行开启和关闭趟栊门，也可以在"栊"上加锁，使其彻底成为防盗门。

图 4-27 岭南民居之"竹筋土墙"

十一 春之结语

早春的 2 月，北方尚是天寒地冻，粤北却已是桃花盛开，而且开得是灿烂至极，密到有点不真实，与落魄的废宅依伴在水塘之前，老屋外墙在强光之下略显苍白，白颜色的花朵让更让颜色更加单调（图 4-28）。可就是这破败屋檐泄露的黄色泥浆，渗过墙体，相互浸润，白色与黄色慢慢融合出一种中国山水的意味，自然造就的反差让白色变得温和，有了对比度，不见了老屋的荒废，也削减了花枝太过的招摇，抹去了一切的荒凉和废弃。

在行程即将结束之时，只是想去表达建筑与自然的关系。任何一个建筑与自然之美的相互结合，都烙印着深深的文化印迹，这里看到的不只是属于粤北的感觉，因为这种画面总是可以透露出客家江南文化的演绎和延续。在这异乡的春季，不论是建筑的老去还是年轻，它们总是伴随着观者的心情而变化着各色的味道。

文章到这里就要结束，取了两个建筑造型的节点作为本次行走的总结，图 4-29 是客家建筑的窗户，对外有木门，内部有栏杆。客家民居的窗墙比很小，比古代内地民居窗户还要小一些，主要还是基于防御和防盗的原

图 4-28 岭南春天

因。黑漆漆的洞口深处，是另外一个小窗洞，多少有点感想。这窗洞如同对中国古建的认识，现在所了解的仅是这个窗外与那个窗外的所见，而这一片的黑洞洞才是需要建筑师去发掘的中国古建精髓，只是多少觉得消失的速度总比收集的速度更快，比较遗憾。

图 4-29 岭南民居之窗

　　图4-30是粤北民居的烟筒，径大且直，不拐弯直接与墙体成角度探出，也算是作为北方的人难于理解之处。合着飘散的炊烟，一只飞鸟略过屋檐间的蓝天白云，清淡的感觉中，生活亦如往常的平淡和静谧，也该是我的返程之时。这是一个可以堪称世界建筑奇迹的建筑群体，体现了中国古代工匠的智慧。斑驳脱落的墙体亲历了当年的繁华，也要继续品味着当下的盛世，建筑无极限，国人当自强吧。

图4-30　粤北之窗

第五章 水墨江南:

绍兴不老的黄酒

 浙江 杭州与绍兴

黑与白，浸润的石头，
密密层叠的乌瓦，再用雨水浇透，
这就是江南的建筑文化。
品一杯茗茶，望河水荡来荡去，
听雨声急促，这便是江南的建筑与建筑的性格。

一 ▶ 无从下手的江南

本文是我行走于杭州、绍兴和乌镇附近时的记录。徽派建筑的经典村落位于安徽宏村，而且保护得还相当不错，其余江浙地区的民居难以超越。此外江浙地区各古镇基本都已成为了旅游景点，数目很多，不一一罗列。

处于保护和修复的状态之下，可以解剖的建筑残体凤毛麟角，确实也难以觅到，这样的做法充分利用了旅游资源，并且保护了古代民居，突出的是江浙地区的商业氛围，也证明着从未停息的繁荣。正因为此，这一章是全书中最为纠结的一个部分，主要原因是我行走的地点不够典型，民居不够满足我所要求的沧桑感，改变早已在发生，如今连痕迹都难以存留。关于民居损坏现状的主旨就不再适用这里，纠结之下，难以起笔，直至封稿仍觉不够完美，也与主题多有偏颇。但最终得以保留下来，不为别的，只为这里的建筑形态太过于经典，我无法迈过。

作为中国民居的精华，也为我挚爱，不叙述，显得太不完美，我决定增加这一块完美中的不完美，但"完美"是指并非损毁的民居，而是指针对本书概述的缺憾之美反而不再完美。只希望能有限地表达出江南建筑两个最大特点，烟雨中的感觉及黑白的刻画即可，希望行文中能传达并渗透出江浙延绵不绝的文化力量，不仅是建筑，也是如茶及饮食的文化。

二 ▶ 饮食文化的深意

杭州翁家山的龙井茶，是中国最好的龙井茶产地（图 5-1）。虽然只是一杯普通的茶，而所谓普通，因为是茶农家内招待路人的杯茶。然而对我而言又不普通，因为带给我很多的感触。这样的茶，才蕴含着这样的江南文化。

世事万物，当用心于任何一个微小之处，都会留给你不同的震撼。茶则是应景中的沉淀，我不会喝茶，只会拿来品人生，看茶根渐落杯底，自觉人生多了一种淡定与自然。茶作为一种文化，国人甚为喜欢，茶略苦，余味悠长，后茗香，与中国的文化先苦后甜如出一辙。茶味道内敛，茶水则清澈，低调但回味，气质溶于淡，唯品，方可知内涵。

图 5-1　茶之新生

有语说"无味之味，实为至味也"，龙井茶就是这样，茶清味久，可见到江浙文化的底蕴，江南商贾纵横千年，历史如茶般意味深长，讲究的是茶叶落于杯底的历练和沉淀，相应江南徽派建筑的婉约和风范亦如是风格，不张扬中的气质难掩在中式民居的地位。

茶文化之茶建筑，于翁家岭的茶园。因为这方水土，造就了这片神奇的土地，即便是茶园的布置，也是让人动容，却不见规矩。曾去过日本的茶园，整齐规整，如日本人的行事风格，严谨及认真。但太过单一，整齐最终变成了视觉的疲劳，变得不那么耐看。

龙井茶茶园则更显与自然共生，如图 5-2 所示的凌乱表象，却有着不规则中的美，杂树与茶树共存，讲究生物的多样性搭配，高低随山势而动，错落不均的布置看似无章，杂树又无修剪，反倒自然天成的意味。茶园依丘陵扇形布置，圆润似梯田成阶状，就地形展开，用坡度合理将茶树的种

图 5-2　茶园

植浇灌与维护综合考虑，看似随意的种植，却养育出有个性的龙井茶。嫩芽的喷薄而出，如站在父亲的肩膀之上，可爱又充满希望，让整个茶园生机盎然。

　　夹杂夕阳下的漫烂阳光，远山下的薄岚层峦叠嶂，层次感鲜明，但正是这种不规则的乱，才透出一种特别的美，繁杂中形成和谐，演绎成为一幅山水画卷。

　　这张照片仍然无关建筑，而是江南的饮食文化。不想太复杂，只点评南方一种具有地域特点的食物。菱角，是江南地区最为常见的水生食用植物。如果说土豆是卧藏于北方大地的馈赠，那么菱角则是南方孩童的快乐童年。

　　这张照片较具生活化，对于北方人来说却难得一见（图5-3）。它给予一个外来人的感觉超越了食物本身，是可以让人深感到江南的习俗和饮食文化的。同样是食物，北方土豆是对土壤养分的吸收，养育出黑黝黝如土地般憨实的北方汉子，造就出不拘于小节，但结实粗犷的北方建筑；南

图5-3　菱角

方菱角生于水塘长于水塘，汇聚南方的水乡气质，亦如南方女子的多情妩媚，诞生了众多小桥流水、兰亭花榭的南方建筑。

建筑与文化乃至食物看似毫不相关，但建筑风格却是一个地区人的性格使然。正如这才采摘的菱角，青黄的感观，一如其甘脆的味道，真实而接近生活，让你在不觉中了解江南的人文意味，让你开启对江南建筑另一角度的了解。这山这水养育这人，这人这材建筑这屋，这屋这园表达这情，这情这意才是江南这文化。

三 》 水墨江南

墨迹未干，这是王羲之故居（图 5-4），虽然有人工修葺的痕迹，但依然保留了古典民居的原汁原味，加之为书圣故居，更如茶般的静怡和素雅。徽派建筑典型的两叠式山墙、乌瓦白墙、条石基础，外挑近水阳台，配以褪色的红灯笼，落白的石墙，偷露的回字格扇，所有建筑细节溶于水墨的沧桑之中。并且在山墙上开门增设雨棚，拥有了一个近水空间。近水是江浙建筑的共性，如茶的文化，没有水就不会成型，黑白之间如山水画般，泼洒成型，正是经历了时间的考验，才让黑白之间不再界限分明。老房体现出来的山水意境，在这里体现得淋漓尽致。

依水而建，有水则灵，纵是大家王羲之也不禁融入此等幻境，成就了一代书圣。建筑与环境于人的感染在江浙地区尤其明显，人才辈出的地方，总会有这些别致并有意境的老房子，身后耸立的现代，面前却是老旧中对传统的坚持，山水画继续行进于现代之内。这幅建筑美图，随着时间，并不见凌乱，越多的衰老，越是带着骨感的韵味，这可能只有在徽派建筑中能够得以体现，与这里的人一样，老却依然清疏。

四 》 江南小巷

巷子，江南一特色，图 5-5 为绍兴书圣扔笔的弄巷，图 5-6 为安昌古镇的雨巷。关于弄巷不了解典故的可以自己搜索，小有名气，可以反映浙江人的硬气。对于江南的民风，如经商和人才辈出早已名声在外，但对于

图 5-4　王羲之故居

图 5-5　笔飞弄

图 5-6　安昌古巷

吃苦耐劳和坚持韧性却少有关注。江南建筑得以较好的保存，其实就得益于这片土地上对传统的坚守和维护。

王羲之扔笔之处，粗布旧衣的老人渐行渐远，仍是绑腿头巾，脱节于现代服饰，实在难见。千年老巷依然默默注视，不曾变化的建筑氛围，江南的小巷大体都如此，狭窄但不拥挤，恪守当地居民的精明细致，曲径并不通幽，因为白墙总是让人心头开朗，纵横交错并不混乱。巷道基本以井字搭建，与河道平行，时光川流不息，总在巷子内增加些许新面孔，深深留下了各个时代的烙印。但是共存的新老物件，却并没有改变巷子内的文化，大家依然喝着三块钱一斤的黄酒，依然可以安然缓慢地行走，依然做着各种传承的手艺活，依然过着慢节奏的悠闲生活。与远处的城市对比，这里的文化才是江南的小镇文化。只是这样的生活还能维持多久，在不久的将来终将被现代生活所淹没；只是这样的慢节奏生活才是该有的生活，我们是否迷失呢？

五 》 依水而建的格局

分别摄于绍兴及乌镇，于不同年段，为江南古镇的生活剪影（图5-7）。古镇多数均依河成排而建，毕竟在没有自来水的时代，选址还是要先解决吃饭洗衣的问题。一般都是正面沿街，背面靠河的布置，步道与河道通过桥梁交错同行。在建筑高度上也尽量利用空间，多为二层或是三层建筑，基础层为条石平铺，一层为砖墙窗或石墙窗结构，二层以上为木墙窗结构。

乌镇不同之处则是更多了些凌乱和琐碎，生活气息更为明显，清晰地显示了河边民居的建筑细节。条形石头堆砌成的基础，石块并无大小之分，但是在顶标高上却很平整一致，外挑的部分采用石柱支撑横向的石板，形成挑空阳台，让整体的立面在基础、阳台、楼梯的交错中不断变化（图5-8）。同样是白墙乌瓦，但无马头墙，非徽派建筑，窗与木墙是不雕饰的木板，时间久远之后，与顶褪去黑色融为一体，白色墙体慢慢揉进黑色的味道，没有了明确的界限，像是山水画中的泼墨技巧。按永不落伍流行

图 5-7 绍兴民居

图 5-8　乌镇民居

色来说，没有能超过黑白两色的第三色，这种建筑风格更是一种等待时间的扩散，几百年之后方可见到建筑师的真实匠心，江南烟雨中的黑白颜色。江南文化亦是如此，总是在黑白分明间寻找一种融合，把两种截然相反的颜色，相互搭配缓慢渗透，而形成一种风格。

摄于乌镇，建筑风格为徽派，用途为商业，其建筑与民居相似却又不同，相似是均为依河而建，且有了白色马头墙的加入（图 5-9）。正面二层设有装饰性栏杆，照片不甚清楚，但依稀可以感觉到栏杆的复杂与精美，显示了商业建筑与普通民居的区别。错落有致的整齐，多少有些不够自然，墙体的颜色不再传统白，大红的褪色，感觉出曾经的荣华与热闹褪却后的落寞，虽是曾经繁华，朱雀黯淡之后的暗色的感观却不如黑色，这也是民居的魅力所在，简单却更加自然。栏板及窗棂，特色难掩，有菱形窗棂及"卍"字格的栏板，近代的玻璃窗四角可清晰见到"卍"字形装饰护窗，较为少见。玻璃窗下船头式样横梁，更为奇特，个人认为是"月梁"，月

图 5-9 乌镇

梁物如其名：即指房梁不再是笔直，而是从中间向上弯曲，类似月牙。常见于江南建筑中，但多于室内可以看到，像这样朝外安置的不常见，所以准确功能难以考证，但它与月梁一样雕梁画栋，诡异的外形，复杂的窗型，还是着实让我好奇于这建筑的前世今生。

六 点缀

与宫殿寺庙不同，民居中屋顶有脊，但却没有了脊端的吻兽。多数为简单的硬山式或悬山式顶，屋脊瓦片堆叠，檐角平直或弯曲处理，至脊吻端自然收口。图 5-10 摄于扬州的照片比较特别，脊吻基本与山墙处于一个平面，可以认为是硬山式顶的一种变化演绎，圆孔状瓦片堆至脊吻处，让寿字砖吻显得格外突出。在中式建筑中吻兽最常见是龙之九子，最早为镇火的寓意，在民间并没有类似说法，各种图案及文字均有表达，寓意也不再是镇火，而是祈福之用，如这样的"寿"字砖吻在民间较为普遍。

图 5—10 江南建筑之屋脊

图 5-11 摄于乌镇，为中式门头及屋面瓦片的常见做法，即小叠瓦式做法，用于屋顶的情况更为多见。这里拿门口来介绍，缘自这照片更为专注地表达了这一方式，采用青瓦的感觉更为干净，对比白墙尤为清晰。屋面瓦片分为仰瓦及俯瓦组成，俯瓦由脊敷设至檐口处，由下向上铺设，为向上拱，瓦压瓦，层叠安放，檐口处俯瓦突出檐外 40~50 毫米，每两垅俯瓦之间下压仰瓦，末端仰瓦为向下拱，并且设有向下的导流板即滴水瓦，上可雕刻纹饰，即美观又实用。末端俯瓦则会设置装饰性的瓦当，进行封口，封口之上同样雕刻装饰，与滴水瓦相得益彰，但并无使用价值，更多见于宫廷及大型建筑，民居中并不多见。门楼侧或山墙处可挑出半块瓦宽，作为侧向排水及挡雨用。檐口技术是中国古建的重要特色之一，是封闭檐口的建筑工艺，是让檐口整齐划一的建筑美学，是完美解决屋面排水的建筑科技。相结合来看，方可明白中式建筑檐口的重要性。

图 5-11　门口的小叠瓦式做法

七　雨中行

雨中乌篷，拍摄于安昌古镇（图 5-12）。乌篷船，是鲁迅先生笔下的儿时情景，如威尼斯的贡多拉一样有特色，因篾篷漆成黑色而得名，但却因为篾篷的存在而更人性化。我可以安然坐在里面，看雨丝，听风声，于雨中行走。乌篷上的黑色更加乌亮，篷顶映照出一个老镇的背影，纵使太多故事，又有谁能够解风情。没有雨的江南是看不到江南风骨的，作为一个路人的我乱入其中，青石烈烈，都是曾经过往，鲁迅先生的童年似乎就发生在不久之前。沿街廊桥，连绵几百米，依然人来人往，老人们围坐打牌，木匠师傅淡然地进行着自己的杰作，酒馆的小妹开始午饭的工作，与外面的风雨无一点关系，一切都是自然简单，习以为常。生活本该如此吧，城市越来越复杂的生活，对自己的要求越来越高，每个人的承受压力可想

图 5-12　江南水道

而知。其实如这些老房子，本身就是一种跨时代的行为艺术，告诉你该坚守一种怎样的生活态度。我们本该简单地生活，关于生活、关于建筑，如果回归了简单，是不是能够有更多时间让我们来思考关于生活和梦想，有更多时间来记录建筑，来记录某一个下雨天，某一个瞬间。那时候我的乌篷船，那时候的倒影，廊桥多年以后不再存在，但却通过照片的记录让我怀念你于心。

图 5-13　安昌的桥

　　安昌的桥，很多人说南方多拱桥，也是更有江南意味（图 5-13）。其实在民间，这样的石板桥在支流中更为多见。雨中石板桥，洗涤的更为透彻，没有现代的印记，保留多是过去的味道。

　　石板桥多采用大石块堆砌，既作为桥墩也为桥身，其中顶部可见突出的两条石条，上有锚洞，为节庆或夜间通行时装设旗帜灯笼所用，板桥的整体并不高，但却正好适合乌篷船穿行。由于古镇的支流河道一般并不宽，所以整块长条石横亘于桥墩之上变成可行的方案。同时竖起石板，就是栏杆围挡，雕刻的浪花的栏板，则是点睛之笔，简约而并不落伍。石板浸在雨中，弥漫着江南烟雨的味道，点缀着百年来的痕迹，磨损中透着时间的痕迹，显示着这桥简单中的精美。

拱桥更多见于较宽的河面，也为中国建筑史上的杰作。原理简单来说与双手折断筷子的感觉一样。拱桥的受力缘自两侧石墩的挤压，会产生向上的支撑力，可以承载比没有挤压时更大的重量。同时也承载着拱桥中部的自身重量。这种解释可能不如用剪力、应力解释科学，但是比较易于理解，读者不必太多追求是否准确，其实欧式建筑的穹顶的原理也是类似的，只是用在了不同的使用场所，拱形建造是石材受力原理最为合理的使用方式。

文笔行走于此，我的心情与这天气一样配合，天气中也弥漫着雨的味道，慢慢理解了那种爱与哀愁的感觉，乌篷上的雨水如墨汁般在拱桥的阴影下，四溢，散开。行走之处，只是印证了雨天是属于孤独人的节日，桥顶撑伞匆匆的行人，不曾多望一眼，古镇静怡中的感觉，对于居住的人来说只是天天如此，但对于一个外人来说，却是离家千里，一身孤单。如每个过客一般，我也在焦急和不安中，度过这每一个寒暑，每一个夜晚。当秋雨淋淋，我会觉得一个异乡人的刻心孤独；当地铁拥挤，我会觉得一群异乡人的艰难不易；当孑然一身，我会思念家中的妻儿老小。一句歌词说得好，狂欢是一群人的孤单，孤单是一个人的狂欢，当我用了各种办法证明自己，最后才发现只是证明了一个内心孤独的人。这种异乡孤独症，是否很多人与我同行，这是种表面极为坚强，内心却很脆弱的状态。遥想家乡的老屋，是我们改变了社会，还是社会改变了我们，顿时无解。

八 》 扬州民居

摄于杭州及扬州，民国期间民居，玻璃窗取代了窗棂，一般为多重进深，套式的四合院结构（图5-14）。院套之间设有二层过街廊道，结合了北方四合院及徽式建筑天井做法，但不见了天井下的水池。一层为砖墙

图 5-14　杭州民居

木窗，二层为木墙木窗，设置有木质栏杆，与近水民居一样的立面结构。木门式样可见为民国时期，排扇式木墙，窗则变成了玻璃窗。仍然可见白色马头墙，而且十分典型，外伸部分起到防火分隔的作用，已经褪去的白色，可以看得出时间久远。

按照江南居民的喜好，民居多采用寿字作为建筑装饰，照片中为福寿字影壁，影壁四角可见四只蝙蝠，中间为寿字，与马头墙一起均为建筑早期的部件，其余很多构造则为后增。江南地区民居的改造多延续了老式建筑基础构造，在其之上加以修葺，进行搭建改造，新增的设备使原先的建筑特色变得杂乱，也没有了建筑价值。不过作为江南民居一个特定的历史阶段，还可以拿来做个纪念，是建筑历史的见证。只是现代物件实在无法匹配老房子的条件，所以出现了杂乱无章的电线及临空的排水设施等（图5-15）。

图5-15　扬州民居

九　建筑与环境的搭配

　　荡舟绍兴湖中，保存很好的江南民居，白墙黑柱乌瓦，唯美的唐代建筑风格，是梁枋结构的典型实例（图 5-16）。梁指木结构屋架中顺着进深方向架在柱上的长木料，枋则是指两柱之间拉结作用的稍短木料，将梁柱与墙体用颜色进行了区分，让这种特色更为明显。唯一美中不足，墙体为新近粉刷，泛舟于此，多的是一种气氛。悠然自得的乌篷，恬静无风的湖水，密不凌乱的绿植，独却不单的老屋，意境之间将建筑与自然的美完美融合，将建筑的美加以陪衬，得以加深和升华，并入乌篷的江南文化中。点缀行人之后，景色也就不再固定，生动跃然纸面，波纹浅淡之际，可以对水弹琴，对酒当歌，对局当戏。

　　江南建筑对于建筑与景与人的关系紧密联系，让建筑拥有了生命，不

图 5-16　绍兴白墙

再单一，搭配着欣赏似乎才更显合理，这就是江南园林闻名于海内的内在理由。讲究水、石、建筑、绿植的搭配，用一种欲扬先抑的表现方式进行表达。一如虽然你看到的只是绿植点缀，但是建筑通过它却有了生命；二如不见到通廊尽处，先是假山遮面，再把原本的直线路径变为曲径，达到最大化的观赏路线；三如用分区的水域，显示出不同的意境，用连廊纵横于水上，将平面的空间变成竖向立体的景观链等等。江南建筑的美总是在细致、精致、别致处加以文章，各种融合让你感觉多而不乱，繁而不杂，风格明了。

　　江南绿色建筑，摄于绍兴，与老宅无关，仅是关于绿色的使用。关于绿色建筑的规定规范很多，但似乎一直没有明确提及绿色，即绿色植物。绿色建筑在我心中标准就是照片中的样子，充分利用藤蔓，让它覆盖，让它满布，达成建筑与植物的共生共长。因为唯有绿色才是生命的原动力，给人希望（图5-17）。所以建筑增加绿色，并不是一种简单的杂乱，而

图5-17　绿植老宅

是通过自然的布置，和生长的规律，让建筑变得生动，赋予建筑生命，给建筑穿上衣服，有效降低冬天的散热，增加夏天的隔热效果，有效增加氧气的供给，也可有效化解不开心的烦躁，众多方面都是建筑师在绿色建筑设计中需要考虑的问题。

如在新加坡的金沙酒店，也是每层及楼顶设置大量的绿植，其实立意根本，还是要通过绿植的配置，来增加建筑的动感和活力。一个好的建筑，一定会充分利用植物对建筑的多方面影响。人与自然、建筑与自然的共存和协调，也是需要我们深入思考的方向。我们的先人在这些方面做得很好，甚至融入传统文化于内，这种赋予建筑生命的设计思路，才是节能与艺术融合的正确道路。

十　夜幕下的水墨丹青

夜晚的绍兴，摄影质量虽差，但最后却变成了山水画。虽然效果不好，弄巧成拙，却可以当另外的创意来看（5-18）。现代的路灯下，多了几分橘色温暖，墙体的白色变得更加柔和，由于照片效果实在不清楚，黑与白的界限不再明显，墙下的灰色条石基础与水渐溶于一起，没有了分明的边界，如画者毛笔的印记，浸润，唯可惜没有了墨色的天空。城市的天空中总是有灯光的方向，小时候对于灯光总觉得很温暖，那时候的夜空太黑，更多希望黑暗中多些灯光点缀。不知何时，城市的夜空不再是星光灿烂，而是霓虹闪烁，渐渐泛滥，夜不再是夜，而变成了夜生活，我们逐步遗失了夜晚。突然仰望，已经再不见了夜空中的星星，不再可见瞬间滑落的流星，不再有了黑暗中夜的味道，不再见了萤火虫带来的细微光芒，匆忙的生活也遗失了睡眠，失眠中仰望夜空，等待那永不落山的灯光，等待让我心沉下来的黑暗。是城市改变了我，还是我改变了城市，我常思考。站立在过去与现在的记忆边缘，当我再次觉得火柴盒子的建筑原来也具备庄重的美，开始了反思事情的两面性。

我们追求的建筑美到底是什么，任何一种可以存在几百年的建筑，哪怕确实不再适合现在的居住，但是却不能忽视它的美。遗失的总是最美好

图 5-18　绍兴之夜

的，从每个人的成长过程，到每个建筑追求的建筑风格，我们曾经澄澈的心，其实就是最美丽的源泉。当我们这一张白纸被涂抹成一张废纸的时候，才让我们想起儿时的老房子，原来快乐并不复杂，只是我们变得复杂了。原来建筑之美也不少见，只是我们蒙蔽了欣赏美的心灵。任何一个建筑师如能够保持一颗简单的心，于功利也好，于想法也好，也许才可以放下，才可以拿起。

十一　雨水香茗背后的建筑性格

江南的天窗及连廊，如果第二层需要居住，则会建造出斜屋顶天窗，如现在建筑的老虎窗，不同之处样式各异，并没有一个准确的标准，檐口有短有长，长的甚至有点像鸟之羽翼。如果考虑商住两用，则出现了连廊，石础立柱的间距并无一定的要求，按檐梁的长度予以确定，柱上榫接檐梁，将雨棚连接起来，即是屋檐的联通做法，成为了廊桥，形成了商业的氛围。这里并没有刻意的说明之处，只是介绍。依水而建的廊桥是一个时代商业的缩影，河边的台阶深入水中，洗衣洗菜或是乘船渡口之用，几百年过去了，不变的是这里的生活节奏。

当我荡舟河中，炊烟中，一天已是开始，并不似城市内的繁忙，大家该打牌的打牌，该做饭的做饭，该做木工活的自是不抬头，闷声干活。每人的生活简单平凡，看似缺少我们所说的理想或是梦想，但是仔细想想，能够安静地做一份事情何尝不是一种实现呢？当你安心做一份看似并不高大上的工作，多年后回头看，其实发现也会很钟爱，如婚姻一样，不习惯中的磨合，才可以悟出婚姻中何为珍贵。

习惯本身也是一种内心的平衡，每每看到城中的人们为了竞争，不得不提升自己的潜能达到极致，也许那就真的突破了道德的底线，也突破了自己心理的承受力。回头看看，当你被众多的人裹挟着进入一条奔忙之路，多年后，有人发现自己累了，走不动了；有人发现越走越偏，迷失了自己；有人还在坚持，但是同质化的人太多，总是让你觉得路漫漫看不到希望，每当这时候你总是能够回忆起曾经的故乡，曾经炊烟袅袅，曾经无比的快乐。我们追寻的其实原来就在原地，我们却非要画了一个圆去完成这个过程。

当时间被定格，雨丝被画面所固定，迷迷濛濛，斜的样子透露了风的讯号，其实想表达的已经不再是建筑，而是这瓢泼一般的大雨。雨是江南文化的一个重点，对比我这塞北的汉子，江南的雨总是与北方的雨不一般，难于感觉，北方也有狂风及暴雨，但总是出现在夏日的雷声中，或是秋后的残冷里，江南的雨则不再如此，拥有各式样子，有春雨季的温柔怡人，婉约清爽；夏雨季的狂暴不羁，让人恐惧；秋雨季的绵延泛滥，易成灾难；冬雨季的冰冷无情，有颗潮湿的心总难烘干。因为有这样的文化，对比这样的建筑，石板石块总是可以被清洗雕琢，才会有乌瓦上的块块青苔，相得益彰，白墙上雨水的浸透，黑白交融。

江南的建筑如中国风的山水画，必要几种调料：黑与白，浸润的石头，密密层叠的乌瓦，再用雨水浇透，这就是江南的建筑文化，当然不能没有味道，品一杯茗茶，望河水荡来荡去，听雨声急促，这便是江南的建筑与建筑背后的性格。

十二　风雨后的阳光

图5-19取自杭州湘湖。作为本章的最后一张照片，不再是阴雨绵绵，石柱之下，阳光泛泛，鱼儿游弋。一如石头上的雕痕斑驳，历经风雨洗礼，阳光依然迷人，鱼儿无忧无虑，一代代繁衍生息。

烟雨中的行走到此结束，江南底蕴是一种坚持，对于建筑风格的延续，对于建筑遗址的保护，对于建筑人文的一种传承，让我这个感叹屋破风高的人，无话可说。虽然还是颇多感受，但只是仅限那些小桥流水带给我的离愁别怅。

如果说民居建筑作为一种艺术依然还存在现有建筑行业中，那么江南的民居则是主流，徽派建筑在今天依然被人喜欢，并被人继续加以改造和发扬，与现代建筑工艺也更多融合起来。在贝聿铭先生设计的苏州博物馆等，都有重新发挥和引申。与其说是建筑留存的典范，不如说更是江南千百年来，不变的人文价值观，所以建筑风格依然受到推崇，这个理由值得我们深深思考建筑与文化的关联。

图 5-19　鱼与石

第六章　陕北：

夕阳难解古城旧梦

📍陕西渭南与澄县

曾经冠群世界的建筑，热情奔放的民风，辉煌灿烂的无尽历史。

放眼望去漫长的地平面尽是黄土高原人不变的热情淳朴，

放耳听去空气中弥漫着由远及近的信天游味道，

让我们透尽风沙，行走于这梦开始的地方。

一 民居与责任

陕西渭南、澄县，当记忆已经飘淡，才轻轻翻开这个相册，并不是不喜欢，而是太过特别，行走的每一处都有新的发现。随着时间的推移，感受却越来越不同，一边是自己的成长，一边是处境的变化，总是想收藏起来所看所想，多年之后再拿出来重新品味。这一行程就是如此，所以一直难于动笔。多年间所行之处有信仰满溢，有文化擅长，有民居悠久，有人文丰富，却没有一个地方可以综合各种挚爱于一身的，但这里除外，陕西，华夏民族文化发祥的地方，这里有曾经冠群世界的建筑，有热情奔放的民风，有辉煌灿烂的无尽历史。放眼望去，漫长的地平面尽是黄土高原人不变的热情淳朴，放耳听去空气中弥漫着由远及近的信天游味道，多种的建筑样式，难以复制的建筑风格，都是陕北值得挚爱的地方，让我们透尽风沙，行走于这梦开始的地方。

屋檐下的蛛网阳光，熠熠发光，布满了遗失和尘封的味道，过往的逝去在记忆中得以缓慢展现，晨光下，这些老房子又展开了新的一天（图6-1）。天还没有大亮，辛勤的蜘蛛就开始了劳作，只为捕获清晨的第一颗露珠。蛛网作为自然界最精致的工程，重复于毁坏与新建，朝夕不变，成就着自然界的建筑奇迹，而民居作为人类建筑的艺术，也不再是一成不变，循环往复中变更着个性，充满于时间的每个缝隙。老房子的逝去只是一个旧的结束，建筑风格已展现新的方向，但传承与记录仍在同时继续。

看惯了翻修的古建，那何尝不是一种另类的破坏，古老就是一种老，也是一种沧桑美。其实除了记录可能难以用其他的方式表述和弥补，拿起相机，记录的不仅是建筑，也是过去的自己，用捕捉瞬间的技术，来纪念曾经的建筑和过往。如果说生命终究有个结尾，那么唯一能够捕捉生命瞬间的也就只剩下了摄影。从瞬间的角度来看，照片更可以定格一个时间片段。如果可以，我愿意用粗陋的设备，记录生命中所有的美好、哭泣、淡然、悲哀，这是一种存在的证明，任何瞬间的跃动，通过他的凝固变为了永恒。

对于古代建筑我们所能做的已没有太多。梁思成先生用着比我简陋的

图 6-1　蛛网阳光

设备，记录着已经消失的过去，而我作为一个普通人，默默无闻的日沉日升中，收集这濒临消失光线下的老去，可能无法代表任何杰出和典型，只能是自我实现的一种方式。

二　不同视角的半边房

陕西的建筑，本章将分叙两种建筑形式，即关中渭南的半边房及靠近陕北的澄城县窑洞，均是极具特色的地方民居建筑。图 6-2 为典型半边房，拍摄于渭南畅家村，侧面可见正好为人字形房屋的一半，半边房的后墙高一般为 4~6 米，檐墙高为 3~4 米。院落多为三合院，院落有大有小，狭小的院落有如上面照片中的窄巷，面对面，屋檐快封住了天空（图 6-3），下雨时，雨水朝一边流，所有的雨水都被这天然漏斗接下，易于收集。有种传统的说法，陕北雨水缺乏，这样的建筑特点为了肥水不流外人田，也许是有一定的道理；但也有另外一种说法，则是缘于建筑材料的匮乏，陕西位处中国西北，风沙偏大雨水偏小，所以黄土高原能够成材的大树要比其他省份偏少，由于木料的缺乏及长度不足，尤其是可装设于进深向的大梁更少，故不足以支持人字形房屋建造，当地工匠则减少房屋进深，只建造人字房的一半（图 6-4）。这样一方面减少了木料的使用量，另一方面降低了对木料长度的要求，也是无奈之举。

图 6-2　远观半边房

图 6-3　咫尺屋檐

图 6-4　半边房的立面

　　土坯制山墙长期雨水倾刷，也有可能造成破坏，故房两侧还设有挡雨的瓦片。这并不是一种舒适的居住建筑，由于一般只有正面装设窗户（部分也设有侧窗），其余三面不具备通风及采光条件，所以是艰苦生活的一种例证。但也正是因为先民吃苦耐劳的美德，逆境中改造环境的聪明才智，才造就了今天被称为陕西八大怪之一的"房子半边盖"。

　　半边房的内部屋架结构，由于主要受力点于山墙上，故半边房屋内柱普遍较小，相对而言檩条变成了重要的承重部分。檩、梁、柱之间均采用榫接，榫接是指两个需要连接的木头器件，一端做出截面稍小于木端的榫头，一端做成相对于榫头大小的榫眼，靠外力使两块木材连接起来。依靠各个木器件间的榫接，整体形成相互平衡，从而控制整个木制品的稳定性。（图中所见柱与梁间设置的固定用垫板为后期担心倒塌而设置，可无视）。不得不说这是我见过最难看的主梁，不直且还是弓形样子，但并非变形，可见木料的紧缺，验证了前面的说法。与南方建筑类似，横梁之上放置枋

图6-5　半边房的屋架结构

图6-6 半边房的损坏

条，与各瓜柱（梁上的短柱）分层支撑起檩条，檩条之上为椽条，屋中间部分椽条为长椽条，至屋脊及屋檐的两端为相对较短的椽条，分别伸出了屋外，为檐口及屋顶构造的一部分。屋檐处的椽条同时还要支撑飞椽，进而完成覆盖檐瓦的功能。

裂缝，这张照片清楚展示了损坏的位置，巨大的裂口说明了这类民居的倾倒方式（图6-6）。之前已经看过内部的屋架架构，由于主梁不能到达后墙顶端，最接近屋脊的檩条于墙端也还有一段距离，这样屋脊部分的墙体就变为了薄弱环节，只能采用顶部椽条直接压在土坯墙上。构造交接处没有相互制约形成的稳定关系，端头承重的任务都落在了顶部椽条上，其承载能力也并不够大，这样一来，屋脊部分如果遇到地震及其他人为扰动。基于屋面的自重，外墙与屋面存有相对滑动的趋势，变为不稳定的结构。随时间推移，直至脱开墙体，损毁也多来自于此。

墙上的毛主席语录依然清晰可见，时光在这个地方似乎只是任由尘土轻轻落满而已，只是光线下不再有曾经的喧嚣（图6-7）。但黑板上的字迹透过黄土，依然娟秀清晰，一切如梦，恍如隔世。檐口下的光斑，一如今天的温暖，安静且恬静，证明又是一个朝阳的到来，唯岁月人影不再穿

图 6-7　半边房的檐口

梭。寂静之处，仅剩这屋檐下的记录，伸出的檐口为其遮风挡雨，不觉中竟然将檐口的做法显露无疑，留给我们玩味。

外墙檩条上架着伸出檐口的圆橡条，就是内部结构中所见的圆形短橡条。圆橡条上覆盖苇箔（苇子编制）、秫秸箔（麦秸编制）、荆笆（荆条编制）等，为屋面的保温及承重层，在陕西地区多采用秫秸箔，再北则是荆笆，之南则是苇箔，再南方某些地带还有采用树皮的做法，后文会有介绍。秫秸箔为手工编织的片状构件，覆盖于橡条之上，再根据檐口长度要求，以进深方向铺设纵向方橡子，即"飞橡"，其上按开间方向铺装设横向的方橡子，即"连橡"。"连橡"为固定"飞橡"之用，"连橡"及屋面的秫秸箔层上抹泥灰，其上固定青瓦即可，这也是北方较为常见的屋檐整体做法。

门头及屋脊的做法。这是中国传统民居屋顶的做法之一，为硬山式屋顶。硬山式屋顶为最简单、级别最低的古建屋顶做法，有一条横脊和四条斜脊，对于半边房来说就更为特殊，只剩两条斜脊，即只有前面坡，屋角上翘但与山墙齐平，并没有伸出，即为硬山式屋顶形式的典型特点（主要针对悬山式而言，悬山式屋顶屋角会探出山墙）（图6-8）。屋脊正吻（即屋脊突出部分）及山墙窗洞就地取材采用了青瓦，与南方建筑不同，这里更多的是造型而不再是堆叠，常用的造型有铜钱式：瓦片外拱；水波状：瓦片内凹。朴素但却很别致，完美利用了瓦片自身的形状，予以重新组合，加上青瓦上的绿苔斑驳，光影下多了些许生动，让北方建筑的影子中多了些许南派建筑的婉约。老房子总有很多共生的生物，有青苔，有小草，或是小猫小狗，可以容纳自然是中国建筑的博大的表现，也是中国建筑人性化的另外一面。

　　村民家中所用瓶瓶罐罐皆为寻常，如果不是亲眼所见，我确实难以相信，这就是渭南农村的生活现状。留守者是一位老人，没有任何现代电器，没有任何机械通风设备，完整展示了没有现代电器的农村生活。两口大锅

图 6-8　半边房的门头

展示着曾经的人丁兴旺，黑黑的油污也是过去厨房如实写真。通风条件的不好，反衬这样民居的生活条件之恶劣。灶台下两组风箱依然是使用的状态，对于 90 后出生的人来说应该是个稀罕物件，是用来人工补风用的活塞式结构，自从有了电动鼓风机，这个手动的风箱就彻底退出了舞台，更别说后来有了煤气、天然气等燃烧越来越高效的方式，早已不再使用任何助燃的工具，甚至火柴都省掉了。木质的窗户可清晰看到老式窗户的结构，窗上设置过梁，外层防盗，内层夜里关闭，遮风挡雨作用，为门栓式闭锁结构。

作为这些农村为数不多的坚守者，面对科技与时代的巨变，这些留守老人也只是见证了变迁的不适应。作为黄土地上的这些土生土长的农民，经历了太多变化，可能是不愿离开故土或是没有能力应对城里的生活，种种缘由，留守在这里，如同一起守护的这些老房子一样，慢慢在自生自灭中消逝。虽然他们不懂任何高科技，但却不能不说，他们是故土和文化的传承者，只是可惜后继无人。

科技在不停向前，然而过往的居住文化、生活方式却已经慢慢停在那里，所有的老旧不代表已经没有用，作为这个民族曾经的过往故事，其实是很需要让我们仔细下来收藏和回味。只可惜他们会同这些老房子一样慢慢倒下，之后呢，也许真是遗失。

毁损，是每个老式建筑的生命的终结点，但它依然向我展示了两种梁柱的处理方式，稍远处的是梁柱之间的垫板构造，多用于危房的处理，近处的则是一个榫口的榫接构造，多用于新建建筑。（图6-9）建筑魅力在毁坏中得以最彻底的释放，让人难免动容。

年轻人流失之后就是毁损，乡村的消失缘自居民的离开，越来越多的留守老人及不停损毁的建筑，为农村的现状，与后继无人的文化继承相比，后继无人的农村建筑更为直接和鲜明，死去的建筑甚至不会有人清理，直至成为废墟。

满墙的藤蔓遮盖着残酷的裸露，唯可见榫接的印记依在。当荒草漫过你的腰间，一切不会重来，土坯来自于黄土凝结，最终还于黄土风化。梁柱来自于大地生长，依然回归于大地腐朽，只是一个轮回往复而已。曾经

图 6-9　倾倒的半边房

存在的记忆，存在的欢笑，存在的春华秋实，一切烟消云散，没有了关于它的记忆，也就没有了存在的故事，如多数普通人一样，简单而朴实的来自尘土，又归于了尘土。

　　遗漏，如语录上面所言，没有任何值得我们骄傲的理由，关于建筑设计，我们没有任何值得骄傲的理由。当我们仅存的建筑还在毁坏，消失建筑的记录也在遗失，我们确实没有任何理由可以值得骄傲，代表建筑水平的古建技艺在消失，展现古建技艺的实体建筑在消失，代表建筑文化的古建崇拜也不复存在，当前众多建筑师模仿西方建筑潮流的时候，却少有人传承和发展中国古建的内在精神。自梁思成先生之后，也再难见对古建深刻记述的权威专著。其实即便是一种经验记述，也总有值得总结和借鉴之处。古建技艺虽不代表先进，却可以代表一种建筑文化与内涵，一种源自中华五千年历史的展示，如这墙面的遗漏。

　　白墙脱落的地方，露出了墙体抹灰的做法，即"麻刀灰"（图 6-10）。

图 6-10　"麻刀灰"的做法

麻刀灰最早是指把麻绳剁碎，掺在熟石灰中搅拌在一起，用于墙面抹灰，陕西包括再以北的民居。麻刀灰的做法则是采用草秸秆或麦秸秆与胶泥进行搅拌，草秸秆的加入有效控制了墙体抹灰的开裂问题，不逊色于现代建筑的挂网抹灰效果，并且重要的是材料环保，可就地取材，可以减少秋季焚烧秸秆带来的环境污染和雾霾天气。又由于不同于挂网做法，没有可能产生空隙，则可以避免由于冷桥而使墙体长毛现象的发生，是一种优秀建筑材料。

三　窑洞下的记忆

另一种特色建筑：窑洞，拍摄于澄城县，由于澄城县的位置在延安及西安之间，所以民居的建筑类型倾向于陕北的窑洞（图 6-11，图 6-12）。澄县地区存有这种建筑形式，应是由于北方人口南迁所造成，为建筑习惯，但是又与陕北窑洞略有不同。陕北的窑洞多是依山开窑，即靠崖式窑洞，如名字所言为利用地形进行窑洞式砌筑。

图 6-11　窑洞立面（一）

图 6-12　窑洞立面（二）

　　而澄县的窑洞为另一种形式，即独立式窑洞，由于澄县所属地区为平原，没有可以依山开凿的条件，先民则智慧地采用了平地砖砌窑洞。当然考虑窑洞的外形及最佳的承载结构，依然是采用拱顶式样，砌筑完成后上面再覆土夯实，覆土的厚度一般可达半米以上，侧壁的山墙堆土则更宽至几米，这样厚实的覆土层充分保证了窑洞建筑冬暖夏凉的效果。不过与"半边房"具有同样的不足之处，也是采光和通风条件不佳，所以窑洞式建筑普遍门比较大，尽量增加采光及通风的面积，可见窑洞门侧设有两个外窗一个天窗，有时候为了通风的顺畅，后墙上部也会设有一个高窗。其外需注意的是都为一窑一间，不再设有套间，主要因为施工的难度较大，同时也是来自采光的要求。

　　罗列几种不同使用功能的窑洞，第一种居住用，第二种仓储用，第三种是饲养牲畜所用，功能不同，内部的布置却没多少多样性。比较多是靠墙布置家居，虽然简陋，但毕竟也是一家人的家当，简单且温馨。居住类的窑洞内部设有火炉，做饭及取暖之用，也可以砌个火炕，但已经是相对奢侈了。

　　我去的时候也住在窑洞，正赶深秋，说冷并不太冷，但是深夜依然难熬。因为没有生火炕，主人怕我冻坏，专门送来了一床结婚时的厚被子，躺在炕上真是滋味难言。夜半，上面的被子太厚太热，下面的炕板阴冷。实在无奈，只好把被子一半垫在腰下面，一半搭在肚子上，方才入睡，一夜睡得并不好。

　　窑洞净高四米有余，黑暗中拱顶伴随着夜的深邃，变得高远且空荡，并不是害怕，而是一种高度营造的寒冷更加剧烈。众多的不习惯中，唯一可以听到的是安静，安静是一种属于夜不能寐人的声音，来自于内心深处（图6-13）。

　　仓储用窑洞则更直接显示出采光极差，开着闪光灯里面依然是只见灰暗。多年生火做饭屋内熏得黑乎乎，瓶瓶罐罐摆了一周，虽然简单但是确实接地气。如儿时的小房（我家乡仓储的房间称呼），勾起了我的回忆。那是属于物质贫乏时期的无尽诱惑，作为家里的小老鼠，我总是把过年用的花生米，一次偷几颗，每次看看觉得还挺多，不会被人发现，也确实没

图 6-13　居住窑洞内观

人发现过。多年后想想父母怎么能不知道，所有的父爱母爱，都在不言中，年纪越大越让我感动，所有的儿时美味，则存在于那小房子中，无论多简陋普通的房子，却一定是属于某个人的温馨记忆。

　　最后一种窑洞是饲养之用，一般都是喂马石槽设置于窑洞中间，再加一根拴牲口的木桩（图6-14）。对比现在宠物盛行的时代，我更是怀念小时候家里的牲畜家禽，我的儿时已在城市，没有了大型家畜，但是家里的鸡窝依然给予了我太多的渴望，每天最有成就感的事情就是去捡鸡蛋，虽然不多，但是摸着热乎乎的鸡蛋，总是流着口水，伴随着不知哪里来的成就感和幸福感，偶尔有一个双黄蛋，更是觉得兴奋不已，每年中觉得失落的时候就是过年宰鸡，陪伴了一年的小伙伴，过年难免还是被父亲宰了吃掉，我从不吃鸡肉就是因为这个原因烙下了根，也没法子。艰苦的岁月就是如此，有了快乐总要留有遗憾，正是这样时光川流不息，才让我的成长过程虽然简单却从不觉得乏味。

　　这里提及一下包框墙的做法，用在窑洞并不多见，但在山西、河北、内蒙古等地区的院落民居中多有应用，前文也已经有过介绍，多运用于影壁。其四面为实砌的墙体，砖侧面朝外，分别竖放及横放铺设，形成壁心的四面

图6-14　饲养用窑洞

外框，如镜框一般。壁心则仍然由普通砖砌筑，只是改为了砖正面朝外，斜放与水平面约成 45 度，平铺，如地板砖铺设一样，效果由平面变为了立面，壁心内部可以为实心砖墙或填土砖墙。

仅用黏土砖一种建筑材料，就完成了墙壁面的美化和装饰，将同一种建筑材料用不同方式表达，相互组合，往往会产生意想不到的装饰效果。如前文对于青瓦的介绍一样，把现有的建筑材料，以最合理的使用也就是最大化的发挥，表面即便不做装饰自然裸露，也让墙面观感不再单一。如果不想浪费这壁面的空白，则壁心是个绝佳的装饰面，可以绘画或是粉刷，甚至增加砖雕，层次感顿现，在我国的古代民居及官宅中是屡见不鲜。包框墙盛行于明清两代，尤其是徽商和晋商发达时期，所以一般通过建筑物的这个构件，可以断出古建的大约朝代，这是关于建筑之外的一点发现。

这个天窗位于后墙，一般窑洞后墙设置天窗比较少，光线下十分夺目，如我在青海所见的藏区那些发光墙壁，于是我发现了它（图 6-15）。破

图 6-15　窑洞天窗

坏严重，根据损坏的程度，反倒看见一个比较完好的天窗剖面。由于墙的厚度不小，所以可见当时设计了一个砖砌的墙套，顶部设置木质的过梁，以进行承载黄土。下部则是室内砌筑的砖墙，墙套内侧安装天窗。美中不足之处是烟囱的位置正好设在了天窗之上，腐朽的烟囱没有了上半部，变成了落水管，常年的雨水冲刷，对天窗其下的土坯墙产生了严重的破坏。雨水形成的泥水在反复干涸之后，光线下的动感渐渐静止，土黄色，固定下来，如细小的钟乳石，阳光下形成痕迹，这样的照片总是残酷却充满阳光，不觉中的震撼，又给人来自内心的温暖。

说不清楚这种温暖来自阳光还是黄土，或是来自我们内心过往的感动，只是确实很美，美得很没理由。但确实形成了一种合理搭配，当建筑本身的一点一点细微改变，当冲刷变成一种习惯，那些泥水的线条则是时间的历练，成为一个建筑物的生命刻度，是一个生命的过程记述。

四 华砌攸宁

"华砌攸宁"，最后还是没有准确弄清楚四个字的意思，无奈现在的搜索和老人的记忆都无效，但还是做以记录。门头的砖雕刻字很完整，字亦写得俊秀，虽不能完全了解作者当年的意味，但是从左边革命军属的门牌来看，该是一个有风骨的家庭（图6-16）。仅从字面来理解，"华砌"，该是砖石砌筑的意思，加上中华，则不仅有房屋砌筑之意，更多了一层中华民族砌筑的引申，中华文化如墙体的砌筑，有模数有规矩，则稳定和长久。"攸宁"则是取自《诗经·小雅》中的"君子攸宁"，为安宁之意，即稳定的砌筑不管对于房屋还是社会，都是安宁的重要保障。

其实这只是一个并不算太特殊的院门，但是深深被这几个字打动，将中国建筑的文化寓意得以引申至民族与国家，与革命军属的牌子相辅相成，没有任何违和感，让观者对于主人的敬意油然而生。如这样充满民族风骨的建筑，其实是文化的一种最佳表现，如果不能传承和记录，这种内涵终会消失，难以寻觅，那实在可惜。

图 6-16 华砌攸宁

五　古城夕阳

　　古城，一座真正的古城，位于路井村。在我行走这些年中，这座古城是保护最差的一个，但却是最完整的一个古城。很多遗迹都成为了旅游景点，但这里像时间停滞，人间蒸发似得居民全无。并非是没有人，是没有原住民，目前居住者都是外来的流民，也就几户人家，荒凉至极，更别说成为旅游资源。古城最多更像是一个放羊的好场所，但却不能否认这是一个极为雄伟的城池（图6-17）。城墙上的巨大的圆形凹处，已经无法考证它的作用，大约感觉是曾经张贴标语或悬挂牌匾之用。唯一可以考证的是，这是一座明代古城，城宽和长都在150米左右，城墙为土夯，高约10米左右，里面完整保存着东西两个城门洞，内部是几十处窑洞式民居。

图6-17　古城壮观的外墙

在罗马，有罗马古城遗址，与这里的残存极为相似。这里虽然不知名但却一样震撼，如同古罗马一样，个体残缺，整体完美，沧桑感无边无际，充满神秘的魅力（图6-18）。唯一不同的是这里的文明更像是戛然而止，所有房屋均被遗弃而未被人为破坏，此外没有更多记录可寻。问里面的放羊老人已然说不清古城出处。

这是个完整城市构造，但规模又是村落级别的建筑群，城内是街道纵横，城外是望不到边的平原，农田中突兀间闪出一个坚固黄土城池，让人费解，只能猜测曾经是避难之所，解放后彻底被人放弃，但是何年的兵灾、何等的情况就一无所知。众多的未解之谜却不能掩盖建筑价值，这里完整地记录了明清时期北方村镇的整体样式，如活标本般展示，极为罕见（图6-19）。

夕阳下不解的是难以琢磨的情仇往事，可以尽情去猜想。感触的是黄土的城、黄土的壮观、黄土的颜色及颜色中难言的感情，这种原汁原味的建筑美，待到谜底揭开之时，是否已经烟消云散，只剩可惜了呢。

古城内的窑洞建筑，感慨于世事无常，变化太快。飘来的种子现在已经是碗口粗的大树（图6-20）。生命力的顽强不在于条件的艰苦，而是真正的适者生存，人已离去，树依顽强。窑洞夕阳下，展示着最后的风采，与人同行，人离去，与树同行，又是几十年。建筑这种无声的艺术，总是可以搭配各种情绪，无论你是悲是喜，抑或从容，哪怕是头顶一棵树，也可以视作一种超前的行为艺术，却也是一种自然与建筑的配合。建筑与自然的共生在这里演绎地淋漓尽致，不管是被动施加还是故意增设。中国式建筑与植物搭配是中国古建的重要特色，建筑讲究灵性，不喜欢刻板及生冷，这也造就了中国古建的婉约、活泼、生动等各样感觉，让中国的民居更具随意性，有更多的拓展空间。看似模数一定的建筑之内，却存在着各式尝试和创新，这也是西方建筑所难以体会的内在建筑文化。

城墙边曾经的新房，砖砌出来的喜字，如此深刻，远胜任何张贴物（图6-21）。光影之下将砖砌文字演绎到了更高的层次，配以斜阳，几百年过后，再见辉煌。虽新人早已作古，喜气依然留存于每一个过往的路人。我从远方而来，错过了几百年，但还可以清晰地感受到新婚的喜气。

图 6-18　古城曾经的繁荣

图 6-19　古城规模可观

图 6-20　窑洞上的树

图 6—21　砖砌的喜字

　　夕阳下，一切变得自然，像是一天简单的结束，该是炊烟升起的时候，门口也依然热闹，谁家的羊群充作过客，沸沸扬扬，弥补着空气中的宁静。可惜坍塌的院墙，却暴露了荒芜的真相，其实已经成为过去，其实已经离去。看惯了城市的喧嚣，面对这样的无物空洞，总感人世太短，禁不起一点时光雕刻，转眼间新人变古人，太多故事还没有展开，就已经被人遗忘。作为个体的存在，我们是太过渺小，甚至难于比上这看似依然年轻的老宅。任时光匆匆，它依然淡然矗立，怀揣着关于主人仅存的故事，也许那是一个爱，有开始，却始终没有结束。

　　古城内一家尚在使用的窑洞，这个窑洞是现在主人几十年前花了十几块钱买到的，包括院子，除去货币的贬值，价格之低，仍让我们这些城里人匪夷所思。但奇妙不仅如此，更让我惊奇的是窑洞的拱顶上，虽然布满了油污，仔细看，却隐约可见建造窑洞的时间，乾隆叁年八月初三，即公元 1738 年距今已有近 300 年左右。当年刻下这纪念文字的工匠，能不能

图 6-22　窑洞内的铭刻

　　想到几百年后，一个普通的过客，与你相交，能够让我看到你的杰作，虽然普通，但对你来说一定不普通，对我来说是种追忆，对你来说则是一种实现（图 6-22）。建筑是一种固定的艺术品，不论结构繁简，都是一种承载设计师或工匠，才会用刻入这种方式予以记录。这么多年后，虽然我不会知晓那位师傅的音容面貌，但我却可以深深感受，他刻完最后一笔的成就感，这何尝不是每个建筑师毕生追求的梦想，何尝不是所有时代建筑师共同的脉动。铸就百年建筑，不在于建筑是否宏伟，即便是简单的窑洞，其实就可以做到。

六 》 黄土地上的希望小学

　　最后这张照片距离我们的时间不远，或是说很近，也就十几年，与建筑无关，为废弃的小学（图 6-23）。行走之初，贵州还有关于小学的记述，这几后年中却是越来越少。所走之地更多见的是小学废弃，很多还是当年的希望小学，它曾经承载着太多的希望，但却早早夭折于不太久的过去。农村年轻人口的流失，直接导致了农村孩子的减少，且不说留守儿童是不是很多，就看留守老人的一个个倒下，就知道有可能留守孩子也在急速减少。村镇小学已经无法坚持几个孩子一个班级，孩子只能去较大的乡镇去上学，这些曾经的希望小学，黯然谢幕。

　　黑板上还留存着最后的板书，上面写道："这个学期就快要结束了，我学会了很多古诗，学会了很多生字"，那个小同学不会了解他就是最后一批学生，不会了解他的笔迹已然不会有人擦掉，但是印记证明了一切戛然而止。是的，这个学期已经结束，我这个行程也要结束了，黄土地上无论是老房子还是教室，都倾注着每个离开故乡人的快乐童年，奋斗与泪水。所有凝固的建筑、冻结的文字，都让我心深深的感动、刺痛、怀念，如上面的两句话：勤奋求是，振兴中华，想必那些孩子现在已成栋梁。希望他们也能将这属于自己记忆的热土，予以纪念，并且留存。

图6-23　废弃的学校

第七章　潇湘旧雨：

滴水屋檐晚翠沧桑

湖南安化

关于行走，其实是某种兴趣开始，

任由时间拉长，直至渐渐疲惫，如生命般流逝。

徜徉的不光有建筑，还有心情，

本在不觉中迈起的步伐，却会在心累的一天戛然而止。

一 》 时光如昔

湖南安化，这是对徽派建筑和湘西木屋两种建筑形式的介绍。在湖南说徽派建筑，稍显远了点，但是这里的徽派建筑给我的感觉却更为真实和原味。修缮的迹象不多，多为残迹，所以更适合说明细节。

关于行走，其实是某种兴趣开始，任由时间拉长，直至渐渐疲惫，如生命般流逝。徜徉的不光有建筑，还有心情，本在不觉中迈起的步伐，却会在心累的一天戛然而止。书写的时候认为这会是本书的最后一章，也是中国古民居考察的最后一站，可能因为累了。年龄从三十出头走到了三十的下半段，身体跨越了年轻到中年的那一坎。也可能因为倦了，比我步伐更快的是民居损毁的速度，看过太多的哀伤，心会变得冷漠。走到底回头看一切感觉都是那么完好，只是再回不去了。时间如昔，改变的不仅是建筑的容颜，也带走了建筑的文化，即他的生命。人生的行程还要继续，这里终是旅程中的驿站一所，不同的是渐老的心和渐消失的老房子。

二 》 多情的徽派墙体

首先是徽派建筑的墙体（图7-1），为空心式砌筑方式，砖立式与平式砌筑交替进行，立式砌筑部分内部一般注土。这是一种很科学的砌筑方式，可隔音可隔潮，可降低造价，当前甲方要求，都可以达到。在多少年后才引入了陶粒空心砖的做法，效果却不如这种方式。首先是砖的材料，陶粒砖虽然轻，但却容易碎承重不好；其次砖的摆设方式，徽派建筑的砖立式与横式分层摆放，为有虚有实，对比陶粒砖单一堆叠的砌筑方式拥有更好的稳定性；第三陶粒砖为中间空气层隔音保暖，徽派建筑则为填土，陶粒砖隔热及隔音效果均大为逊色。其实不光是墙体的设计独特，徽派建筑的各个设计细节都堪称完美，直到今天仍值得玩味。所以优秀的设计，需要经得起历史的考验，这种砌筑方式就拥有那种优雅而实用的设计美。

当砌筑不仅是一种技术更变成了一种艺术的时候，美学及艺术感就慢慢显露了出来。如这段墙痕的侧影所给予我的无限感伤，表达了多情人的内心悸动，这是关于离别的故事，如墙与墙的界限。

图 7-1 徽派民居的墙体

我们曾经是那么陌生，在某年的某天你来了，让你贴邻于我的身旁，我觉得不再孤单。后来我们熟悉了，共同面对了百年来的风雨，亦如一切的生老病死。我想我们可以一起终老与天长地久，然而造物弄人，你如来时的陌生，去时亦是匆匆，如同没有发生的经历，我依然旁若空空。插于体内的檩条如肋条般折断，是我留存于身体内唯一属于你的部分，但是留在心里的那道印记却无法抹去。时光穿梭，我已然老去，爱的痕迹从此难被洗刷，那是刻骨铭心的记忆，一个关于建筑的爱情往事，一段关于曾经年轻的往事。

三 》 砖雕中的微笑

中国的砖雕艺术由于材质较软，更适合平面图案的立体表达，为中国古代建筑的重要特色。从雕刻技艺种类上大致可分为浮雕和镂空雕刻；从安装方式上则分为"砖前雕"和"砖后雕"。"砖前雕"为先雕刻好图案，再进行烧制，筑墙时在特定的位置砌入即可。而"砖后雕"则是在砌筑好的墙砖上进行雕刻，难度更大。南北方砖雕的风格也略有不同，北方的砖雕更为粗犷和庄重，南方的砖雕则表达更为细腻，图案也更为丰富，也与地域相关（图 7-2）。

图 7-2　徽派民居之砖雕

通过砖雕，可最直接了解那个时代的风土人情、历史典故。砖雕的价值很多不是来源于本身的艺术性，而是能够给不同观看者带来多样化的体会，进而所产生的附加价值。

照片中为精致却保存并不完好的徽派建筑砖前雕，可见砌筑断裂的痕迹，老者傲然前行，有些表情跨越了时空，我依然可以想象出当年主人的欢笑。亦然如残存的老者，笑对人世的变化，同行的老伴也已不再依存，然可以巍巍不倒。人生不尽如人意，但我们能做的却少之又少，若需要让自己不为世间所累，承受不如接受，接受才有可能改变。即便再苦，也要微笑前行，不为别的，只为可以让别人感受，微笑也是一种力量。建筑的魅力如此，在多年后依然可以让你触动：那时的欢笑，那时的恢宏，可以让你与历史在特定的这个位置，得以交汇和了解。

四 抬梁上的岁月

中国古建中经典的抬梁结构，摄于安化洞市老街，为徽派建筑屋顶（图7-3）。西方建筑崇尚石砌，东方建筑崇尚砖木，即便东方建筑多数于年月磨砺中消失殆尽，西式建筑依然屹立不倒。这些老式民居，简陋却合理，有人说它不够坚固，但你却无法回避她历经风霜却依然为人遮风避雨的事

图 7-3 洞市老街抬梁结构

实。你可以说她现在已经不够美丽，但你却无法否认她如母亲般的气质。有感情的建筑，也即中式建筑的风格所在。

我曾见过很多破碎极为严重的建筑，但依然维系屹立，说明了这结构形式的合理，也印证了这种建筑方式的伟大。抬梁结构原理看似简单，内在关系却很复杂，首先是材料有主有次，建筑材料要求高，包括有主柱（传导力量入基础）、瓜柱（梁间支撑柱）、脊瓜柱（屋脊处瓜柱）、梁（将各处重力传导至柱）、檩（依托瓜柱支撑屋面）、枋（瓜柱与檩之间的支梁，一般设于每个檩条之下）、椽条（檩条之上用于支撑屋面的木条，间距多为 20~30 厘米）等。其次是屋面的材料的多样性，根据不同地域选取不同植物作为屋面支撑层。北方多秫秸箔、荆笆，南方多苇箔、树皮等。选用不同的瓦片作为屋面防水层，北方瓦栱高且厚，南方的瓦片栱小且薄。照片中椽条上清晰可见树皮的样子，则是南方建筑屋面覆盖典型的材料，为屋面构造第一层，再之上就是青瓦覆盖，为屋面构造第二层，这就是徽派建筑的整体构造。虽然根据地理位置不同，屋面的做法会稍有不同，但思路是异曲同工，只是材质的变化，抬梁结构也依然是今天中国民居的主要构造形式。

五 》 青砖黛瓦马头墙

徽派建筑天井下的水池，是徽派建筑中的聚财之所（图 7-4），堪称东方文化在建筑设计中的极致表现。有水则灵，这是中式建筑的风水秘籍，更为徽派建筑的点睛之处，而西式建筑则更多的是庄重和严肃，与西式建筑的外设喷泉不同，中式建筑更大胆地将水池溶于建筑内部，使两者成为一体，建筑风格变得动人，不刻板。不光如此，雨水的承接则是水池的重要建筑功能，并非只是美观，而是美学与使用的完美结合。

褪去的水面露出了其下的卵石层，其做法为前文所提的卵石三合土，为防水的作用。上设条石，则为方便下脚，配上青苔更显时光如梭，密密麻麻的早已肆意。这让我对高墙内曾经的场景恍若可见：曾经顽童的奔跑嬉戏，若隐若现的小家碧玉的情愁故事，看不完的人世轮回。然一切已逝

图 7-4 徽派民居之天井

去，只剩石板上难以磨灭的印记。一汪秋水已经幻化太多记忆，一种建筑却可以用自己的方式将故事存留。青苔年生年灭，故事缘起缘灭，执念如梦如影，轮回人来人往。我踏上这片建筑之地，而你已随风而去，代表往事的感伤，向今天的你致意。

徽派建筑的跑马廊，木质板，大约宽一米，栏杆高约半米，栏板花纹样式极为特别，看得出损坏前的精巧与复杂（图7-5）。下方为水池两侧走道，上位为天井的顶部，造型为轿厢顶样式，与之前粤北围屋顶部造型类似。顶部檐口与下方水池相对，而正好让过了廊道，让廊道可听风看雨但不至被淋湿，更有诗情画意的感觉，承载建筑中托肩发呆的功能。一如我的存在，仰望却不见伊人，雕栏画栋，木质材料的精彩浓缩于这种婉约的表达方式，可以听风雨、触雨丝的场所，现代建筑中再也难见。

每每面对天井、跑马廊、水池，如此意境的设计，总让人不可自拔于

图7-5　徽派民居之跑马廊

它的婉约，让感觉可以闻到，可以触到，可以看到，可以回味，可以变为一种颜色，可以成为一潭秋水，可以是一种姿势，可以是一种性格，可以表达主人的所有感触，可以是美好的一种实现。这种体验在现代的建筑中很难再有。

面对着玻璃外的风、我听不到，隔着窗户的雨我不再可以碰触，雨水管内轰鸣淹没了雨丝本来的轻柔，防盗窗的铁栅不再有天境的意向，建筑的发展与禁锢在现代有了更趋同的迹象。殊不知建筑的进步缘自功能的艺术实现，优秀的建筑可以将功能与感觉完美融合，中国古代建筑大美，谁知谁懂。

徽派建筑马头墙，不算特别，但却典型，马头墙是古代民居的防火墙，为山墙侧伸出建筑外的部分，根据有几层落差确定为几叠式。如图 7-6 为两叠式，墙体顶部为阶梯状造型，截面由下至上逐步变大。上部设墙脊，铺小青瓦，突出端做法与脊吻相似，可为翘角可为瑞兽。外墙段均粉刷白

图 7-6 徽派民居之马头墙

色涂料，与屋顶形成黑白反差，更为突出和明显，显出中式优雅韵味。

拥有蒿草和青苔的马头墙更显时光刻画，变得与曾经的所见感受不同。作为沧桑的见证，蒿草本来就与马头墙融为了一体，不可分割，蓝与白的天空下，他显得突兀而冰冷。本是防火隔墙，现在更多的是一种代表，代表了徽派建筑的特色，属于男人的风格，外挑砖檐，如臂膀般结实，上覆青瓦，如盔甲着身，不再洁白的墙体，难于分辨的马头造型。

即便发黄，即便仅存，即便不再与众多马头墙成排，但不代表没有了傲气，沧桑感源自天生的气质。历数中国各地民居，不得不说徽派建筑是集阴柔与阳刚于一体的艺术。内部的婉约天井，曲径通幽的回廊，外部大气傲然的马头墙，舍我其谁的风度。即便故人不在，荒草为伍，总不能放下这种不朽的气势。英雄会老，精神难倒，如国人的古建艺术，即便被人怀疑，被人否定，被人不再重视，但依然不可阻挡关于砌体模数的崇拜；依然不可遗忘将自然与性格融入建筑，一种科学，一种科学之后的艺术，一种艺术之后所不见的文字，一种文字难于记述的动人，感动着今天的你我。

六 ⟩⟩ 屋檐下的雨丝

跳跃，凝固的雨丝下，记录了瞬间停滞下的檐口（图7-7）。青瓦（即乌瓦）为南派建筑必备良品，黏土烧制，扁且平，隔热防水，带着南方的烟雨气质。枯旧乌篷难掩小雨的泄漏，屋檐的檐口交错中，天际的方向，遗漏的其实是一种感情，并非是默然，也不是荒凉，只是安静之中的怡然。

发白的木墙上，留下的冲刷痕迹，一边是雨水执着的改变，一边是木墙倔强的存在。有一种自然的力量，常让我们感动，那就是静默中的坚强和力量。可以让你持续感染这种情绪，沉浸在悦动之美，斜雨中的电线如琴弦般，横亘，却不凌乱，弹奏着老街的过往。音符与老旧中的跳跃，于变化中的交响，因为雨的存在，屋檐与老墙并不再孤单，寂静中将湘中农村的味道散落一地，让我们来到湘西的木质民居。

图 7-7　屋檐下的雨丝

七 潇湘木构

湘中的村落建筑与贵州的苗寨有很多相似之处，湘西即与贵州搭界，建筑类型亦与吊脚楼有相似之处。苗寨的吊脚楼多为三层，下层养猪养鸡，中层住户，上层为置物之所（图7-8）。湘中的普通民居多为木结构，一般为两层，一层设大堂，设贡桌，为迎客和祭拜之所，两边住户，上层为置物。

对比前文所述的徽派建筑，可见湘中是徽派砖木结构和纯木结构两种建筑风格同时并存，只是徽派建筑为大户或外来商贾所建造，也多存在与商业街坊和较大的集镇上，徽派建筑的逐步消失也可见证一个地方兴衰过程。但是木结构民居现在却依然存在，且大量留存，并在民间继续使用。则可以认为它更是湘中农村的地方性代表性建筑，徽派建筑的衰退及湘中木结构的依然存在，则是这个地区几百年来建筑演变的缩影。

图7-8 湘中民居立面

　　说到与吊脚楼的相似之处，可见拍摄于安化唐家观的图7-9，由于近水，所以外边架空朝向资江，内边朝向村中小道。朝内侧分为一层、二层及阁楼层，朝江面一侧则因地势下降，顺势修建了向下的架空层。如我们现代建筑的地下室一般，是与吊脚楼功能类似的建筑结构，放置杂物、粮食等，甚至其间增设的小夹层还解决卫生间的设置，后文有介绍。架空层的顶板即为一层地板，梁通长，伸向江面，形成挑空，照片中这户人家则在架空层之上再加建偏房。一半挑空在外，一半落在板上，大屋抱着小屋，也是一种奇特的建筑形态。

图 7-9　湘中吊脚楼

　　在房屋的结构形式上，贵州吊脚楼与湘中木屋民居很相似，也有差异（图7-10）。两地民居同为网状结构，贵州民居更多采用方形木料，截面直径相对较小，梁、柱、檩的截面差别不大。而湘中民居同为网状的建筑结构，但是吸取了部分梁柱结构的特点。首先是柱明显变大，多为圆柱形，受力原理更接近与梁柱结构。其中柱的承重作用有所体现，但梁、檩、柱数量却又比较多。照片中7根柱子，竟然有20根檩条，这与贵州民居相同；另一方面从榫卯的设计来看，不再是贵州民居的上下交错开榫口，而是将柱上梁的榫口一次性开大，上下两道梁同时使用一个榫口；瓜柱上分别有开口榫接和闭口榫接，而在贵州民居中则一般都为闭口榫接。湘中民居另外一个细节特点是檩条上侧设有横档，这在其他建筑中尚无所见，功能比较明确，为控制屋面的相对滑动，毕竟20檩的房子屋面结构自重太大，需要固定。

图7-10　湘中民居网架结构

　　湘中民居与贵州吊脚楼在建筑格局方面差别较大。湘中民居一层正中设置堂屋，而贵州吊脚楼则在二层设置宽廊或是退堂，相应楼梯的位置也就不同。湘中民居楼梯多为内部设置，如果仅有一层，其上会有阁楼层，且设外部木质楼梯。如图 7-11 所示，非常典型，可为固定也可以是活动式，但是位置均在房屋的正面，堂屋边起始。而贵州吊脚楼则多在侧面山墙侧设置外部楼梯，通往二层退堂或宽廊；同样是有侧檐的设计，但是功能及样式也不大相同，贵州民居多为室外楼梯的雨棚之用，湘西则多用于阁楼层的遮风挡雨。

　　湘中民居中的厕所亦是一大特色，如图 7-12 所示。如果仅看照片，我并看不出架空层便是五谷轮回之所。位置迎街，且如此开阔的视野，透风并且透光，毫无隐私，可能民风淳朴到一定境界。面对这样的地方，我的思想反倒成为杂念，清理也简单了许多。缸满后倾倒入大桶，再装满之

图 7-11　湘中民居楼梯设置

图7-12 临空的厕所

后直接归田，如此建筑的解决之道，虽称不上什么景点，但却是不错的
处理办法。

　　建筑节能还是需要更多考虑建筑使用功能的解决与自然的协调统一，
尽量缩减人力或机械的介入，充分发挥自然对建筑的正面作用，利用自然
力量对建筑进行清洗、发电、采光等，才是节能设计根植与发展的方向。

八 》 星空下的树皮顶

　　湘中木屋的屋面十分有特色，椽条之上杉树皮为顶，不再抹泥灰，其
上覆盖乌瓦，倒也简单密实。时间久了，乌瓦散落破碎，露出了树皮，却
仍然可以使用。雨水清洗让树皮再现青春，长出了青苔。有的青苔甚至如
毛毯般厚实，也算是另外一种意想不到的建筑效果，如图 7-13 所示。乌
瓦的风格是南派建筑的精髓之处，也是南派建筑风格的柔情之味，如图 7-14
所示。作为一个北方人，有如诗篇般记录那些一起数星星的日子，总是畅

图 7-13 杉树皮屋顶

图 7-14 乌瓦屋顶

想着萤火虫下的森墨夜空，与儿时玩伴，坐在屋瓦之上，聊述简单却很快乐的故事，空气中满溢着家乡的味道，轻微中又有杉树皮的淡淡清香。

我们曾经一起仰望的天空，我们曾经一起蹦跑的岁月，曾经慢慢变老的房子，曾经呼喊训斥的父亲母亲，当一切都不能再重来，我依然可以慰藉失去的童年与童年的记忆。不为别的，只因为这未曾倒下去的老宅，承载所有关于过去的怀念，所有已经不在或是正在消失的亲人、朋友、故事、还有她。

当我们再次踏上家乡的土地，每个人都会感伤，一边是岁月无敌，一边是我们追寻的方向化作的一个圆圈。原来心从未走远，它一直属于那个你出生的地方。留在建筑上衰老的印记，其实就是我们衰老的过程，有些不会再来，有些已经失去，除了珍藏我们内心的那份感动之外，更应该珍惜这还立在身旁的老房子，不是保护的意味，只是可以欣赏它各个阶段的美和藏在里面属于你我的故事。

九 》 灵动窗棂

湘中建筑的窗棂，为格栅十字交叉（图7-15），不均匀的分布方式，窗棂简单大方，受力点把握合理，更加坚固，细杆窗格与建筑地域风格相得益彰，为湘中地区最常见窗棂样式。表达出湘中冬季的雨天阴冷，比冷更可怕的是潮湿，所以即便是冬天，依然是门户大开。潮冷异常，湘人爱吃辣椒即是这样的原因。这让我想起内蒙人、东北人喜烈酒的初衷，一是对抗寒冷，另一是对抗潮湿，道理相仿。这些地区的人都异常热情，确为一方水土养育一方人。

不过即便如此开窗开门，看过去的依然是无尽的墨色，好在黑漆漆的屋内折现出的窗棂形象，则让冷清的形象变得有了重点，有了希望的所在。透过黑暗可见一种穿越的力量，改变的是过往风景、窗前人物，年轻动人，中年烦劳，老年孤单，不变的是窗棂，不同的是感受。建筑能够称之为艺术，是因为可以承载不同阶段的不同故事。有些感人，有些平淡，有些属于哀愁，有些源自无奈，但却可以在时光中，雕刻在每一个建筑物件的外表上，当我们静静地轻倚窗前，眼前不再是无尽的黑暗，不再是难言的恐惧，仅剩希望存在。望眼去恋人是否回眸，孩子嬉笑中成长，远行中的子女渐行渐远，原先热闹的景象渐渐寥落，面对老房子，这一次窗棂是真的老去。

图 7-15　湘中民居窗棂

十 》 木质生命的结束

　　木质建筑的损毁过程，也就是燃烧的过程。不用经历战火，即便和平时期的一个火星，也足以毁掉一个村落，这也是木质建筑难以留存的一个主要原因（图7-16）。生命本身就是一个历程，看过繁华就难免有萧条。我曾很希望保护这些老式民居，但随着行走步伐，慢慢变了初衷。作为一种势必消失于现代生活的建筑形式，没有了居住者的老宅，结局也必然是坍塌和拆除。仅依靠保护，保护不了这么多，也保护不了那么久，没有了人文文化的建筑也就不存在了生命力。历经风雨，其实也是如耄耋老者，已然不能够再次焕发新生，即便可以修复，也不会再是曾经的他。只是木制民居所承载的内容太多，每每看到一座消失的民居，只能暗自肃然。尊重事实，尊重逝去，尽量记录下它的样子，因为有些回忆以后总会有人想看，有些建筑总会需要回味。当我们无法保留它的身体，那就留存它的影子。

图 7-16　木质民居的烧毁

　　荒废，是本书的重点，这座民居的废弃与火烧及人为破坏不同，是毁于木质的腐朽，缘自木质建筑自身无解的缺陷（图 7-17）。烂掉的木材散满一地，没有跌落的部分也是岌岌可危，仅剩砖墙的一侧撑起了面子。剩余的椽檩则是靠着一根临时加固的细木棒支撑，随时等待着倾倒，让人看着都揪心（图 7-18）。

　　在日本有不少神寺，每隔两年进行一次油漆的粉刷，才使很多唐代建筑得以保存下来，我在行走的这些年中也一度惋惜于国内古建保护的现状，但时间长了反倒释然了。麻木多源自于无奈，宁愿多记录一个病入膏肓的建筑的垂死挣扎，也不再想去挽救，不是没有了同情心，是深知仅依靠政府投入，根本无法挽救所有的民居建筑。深层次的问题还是农村人口的流逝，住房与我们的生命一样，当有人气的时候，它也活得健康，当人走屋空之后，它也很哀伤。我面对的这些哀伤的建筑，它们很有感情，总还坚

图 7-17　木质民居的自然损毁（一）

图 7-18　木质民居的自然损毁（二）

持屹立在那里，期待曾经主人的回来，直到望眼欲穿之后的落寞，慢慢倒下。它们并不出自名门，也很少能够让人关注到，但作为曾经的辉煌，我希望还是可以以最残酷的解剖方式予以刻下：内部的不完整，结构的裸露，所有的断壁残垣，却能够记录下来的它儿时的模样。如果有一天你可以看到，那它就并没有消失，作为建筑它曾经出现过，作为建筑它也曾经艺术过。

十一　老掌柜的时光印记

旧时的柜台，保存完好，依然使用（图 7-19）。入门为客厅，右手为柜台，后为庭院，柜台后即为内部楼梯，近些年使用功能为客栈，由所填对联可见。空荡的街道不见半个游客，进村后小狗就一直为伴，可能是鲜见陌生人觉得好奇，如导游般带我们走遍村落，留守儿童与街道老人，慌张且好奇地看着我这个不速来客。虽然冷清，但也难得的安静，一个圈子，被我这样的闯入者变得有了变化，不为别的，是对于我这样破房子收集者觉得好奇。

循迹走了几年，我也累了，不是腿累，而是心累，见过太多破坏严重的房子，直到你见怪不怪。从你曾振臂疾呼，到理性看待它渐渐倒下，多了些许成熟，多了些许对生命的看法。对于死以前只是胆怯，现在倒是觉得死亡也是一种文化，虽然我自己尚没有那么高深，但还是可把建筑的死

图 7-19　旧时柜台

亡看作一种仪式。作为这个消逝仪式的见证者,我在六年间用镜头记录了看似老朽却实为经典的景色。那种建筑的美,确实不在光彩夺目之时,而更在变得沧桑之时。当建筑有了一种衰败的意境之时,才可以让我彻骨地感觉它当年的美。

柜台上的算盘,早已毁损,但依然放在它该存在的地方,亦如一切尚未发生,生命就这么彪悍,似乎不关生死,从不需要解释存在的理由,只是告诉观众我依然存在,我从没有离去,我依然还有意义,我依然是文化中不可缺少的那部分。当徽商离去,当今已是满地的微商,如算盘这样的中国商业文化却不可能消失,它融于建筑之内,成为曾经商业建筑的一部分,也是文化的一部分。

后面部分与建筑关联不大,这是一个理发馆里拍摄的老式剃头椅(图7-20)。但用电脑输入法居然没有这第三个字,时代太快,消失的东西太多,在过去的100

图7-20　老式剃头店

年中，我们眼见了太多新生事物的诞生，有好的，有坏的，有期望得到的，有从未想到过的。前段时间看到 1936 年家乡抗战的老照片，那些年轻人意气风发，围巾时尚、风镜炫酷，想想这些年轻人如今都已经烟消云散，可叹世间变化，生命不止，对比这些老物件，生命似乎又变得不禁琢磨了。作为见证，它可以看淡风云，平常心如流水般不止，对每个人都那么的腼腆微笑，孩子、中年、老年，它没有变，依然留存，为你服务。世事变化太多，总是这些安静的物件才能让你悟出活着的态度。

我国作为近代工业化设计中的弱者，眼前这个椅子我认为还是很有设计高度的，舒适性、灵活性、实用性在那个我所不了解的年代应该还是不错。斑驳的光迹下，渐渐沉入黑暗，已被踩踏到如夯实的土地，黝黑透露着经历和坚定，亦如我们的人生，从来在不屈的条件下坚韧，任由世事变迁，还是要坚定建筑设计为艺术的设计初衷。

十二 雕刻的历史

这两张照片也与古代建筑无关，却为近代水利设施的一部分，是拓溪水电站过坝船闸两侧的两幅标语，距今有 60 年左右的历史了（图 7-21）。由于船闸高度有十几米，所以拍摄的感觉极为壮观。面对一个已经走远的时代，奋斗一词今天依然是年轻人的口头禅，或是被动，或是主动，关于梦想的故事总是很多，但实现的人也总是凤毛麟角。有人放弃了，有人走错了路，有人却是走过了，当然也有人一直在想。

如我所见刻在石头上的这些文字，奋斗总是值得用雕刻来记录的，不为别的只因为其实太难，属于每个人的生活不同。属于每个人的奋斗目标不同。在追求梦想的人生中，奋斗被太多人定位为积极进取，正面向上，其实也不然，奋斗对于需要安全感的人，只是追求有个安稳的窝；让需要存在感的人，成为了推动社会前进的一枚螺丝钉；让占有欲强的人拥有不停攫取更多的动力，如金钱、美貌、权力、地位等；当然也会是胸怀大志者心态平和的调节器，使之把自己的热情和动力都放在奉献之上，所以无所谓好坏，只有所谓存在。

图 7-21　船闸边的标语

十三 》 温暖

这张照片也与建筑无关，只和希望有关，是坐在安化老乡家中烤火，等待晚饭时无意拍的（图7-22）。水赐予了我们生命，火却给予了我们温暖和安全感，但即便如此，当水变得泛滥，我们依然会被吞噬，火变得猛烈，温暖转瞬即成灾难。所有的爱，当他是点滴之时，我们觉得它就是爱，当爱泛滥之时，我们只剩了恐惧和怯懦。与建筑设计的表达一样，合理的释放和隐喻为艺术性最合理的高度，如大卫像和蒙娜丽莎，当一个建筑表达太过于浮夸之后，则会超过了建筑质朴的内在要求，错过观众心灵感应的渠道，反倒不好。合理的建筑表达如同这火，让你觉得温暖又浮想联翩，那它的火候就到了。

我对于湘中的民居也要渐渐离开，一种文化、两种建筑、三个时段、四条江水、五味杂陈。对于文化，建筑与文字、建筑与哲学、建筑与艺术、建筑与回忆，作为一个载体，建筑拥有了太多深刻的含义。作为时代的产物，建筑记录了太多时代的印记；作为一个地区标志，建筑表达了这个地区居民的性格特点。

再见湘雨，雨丝中如雾如幻，山峦叠嶂，不能阻挡这片土地上执着的人们。江水浩荡，倾诉过去，奔向未来而去。

图7-22 温暖

第八章　塞北：

风中难诉醉离殇

📍 内蒙古乌兰察布市隆盛庄

轻轻带上门闩，结束这场旅行，

对生命的意义和对生活的价值需要重新审视，

更加热爱一切尚未失去的东西，无论你现在所见是好是坏，

都是生命中最弥足珍贵的，哪怕一瞬！

一 》 干涸的湖泊与回忆

内蒙古乌兰察布市隆盛庄，是湖南之行的最后一站，世界之大无法企及每一处角落，经典总需要留给后面的时间或是后来的行者。

在这次行走之前，我回了一趟生我养我的家乡，距离隆盛庄40公里。我已经有七年的时间没有重回故土，可谓是魂牵梦绕。之前只是一直停留在想，却不敢去行动，只是因为曾经的那些回忆，总是怕扰动。当我结束这次旅程的时候，对比七年前，家乡变化却是极大，大到我只好将回忆深深封藏在心里。不为别的，是我能拿来回忆的那些老房子、老校园都已经不复存在，换以替代的是新的教学楼、住宅楼、塑胶操场。我小时候见不到边的那些远方，现在都是林立的楼房。甚至我曾经畅想，见到我儿时玩耍的大操场，我想亲吻那片土地，或是躺在上面感受它的温度。然而是当我见到崭新干净的塑胶操场的时候，想法瞬间消失。散发着塑胶味道的空气中，早已不是那个曾经可以积水的操场。儿时可以在雨后水坑里面抓各种的翻斗鱼，也没有了操场边上的小树林，那是我曾经渴望的蘑菇的味道，一切都回不去了，这不是属于我的过去，我可以安心地老去。

时代依然前行，但作为纪念，我需要将父亲出生的古镇做记录，它的毁坏同样很严重，但不同于城市，消失的速度还不够快，依然还可以留存一些痕迹，这个过程我不能记录全部，但是希望记录的是最值得欣赏的那部分，关于光荣与历史。

开篇，依旧无关建筑，拍摄地名为黄旗海（图8-1）。干涸的湖底，镀着一层盐碱，如其名般。这里曾经是一片像大海一样广阔的水域，时间大约在100年前还是如此（图8-2）。当时黄旗海面积广阔，鱼虾丰富，它的边际直到隆盛庄镇边。常听父亲说他儿时还在村口的小桥下滑冰。由于位置优越，在20世纪初，因着京张铁路的建设，商业轨迹由张家口开始向北延伸，隆盛庄作为察哈尔与内地商业的重要驿站就出现了，南来与北往的车马都会选择隆盛庄这个小镇做以休整，然后继续向内蒙古前行。在没有汽车和火车的时代，这个车马大店的重要性可想而知。之后，建于1915年后来的京张铁路延线之京包铁路延伸至了丰镇县，隆盛庄隶属于

图 8-1　干涸的黄旗海（一）

图 8-2　干涸的黄旗海（二）

丰镇县下，隆盛庄的辉煌在二十世纪二三十年代达到了顶峰。目前留存的建筑多数建造于 19 世纪初，距离今天大约百年。后来的衰退则与黄旗海有一点关系，解放后由于公路事业的大力发展，使这个商业中转点变得不再那么必须，加之后来黄旗海由于上游建库蓄水及化工企业大量的用水，水域面积在 100 年间由 110 平方公里剧减至 0.43 平方公里，直至濒临消失。隆盛庄也再不近水，没有了水源，发展动力也逐步消失。这即是这个小镇 100 年来的兴衰史。如那些建筑的生老病死，这边土地亦是如此的轮回，不知何处是下一个起点。

二 》 门头与家风

由于当时隆盛庄居民多以来自各地的商人为主，山西晋商更是占据多数。南来北往的人熙熙攘攘，这里也汇聚了基督教、伊斯兰教、佛教等各式宗教建筑，可见各宗教人士在百年之前也随商人纷至沓来，基于不同地域及不同宗教信仰的人交汇于此。这个小镇虽然面积不大，但是民居建筑的风格却显示出多样化。以这座卷棚顶的民居开始建筑之旅。卷棚顶为中国古建屋脊的一种形式，对比更为常见的硬山顶及悬山顶民居而言，稍少。卷棚没有明显的屋脊，屋脊为弧形曲面样式。为就着外部的造型，其内部结构则为双檩条顶的做法，以方便营造出顶部曲度所需要的弧度，同时也赋予了这种屋顶建筑方式柔和之美（图 8-3）。卷棚常见于江南的园林门楼、庭院中，也有说法是宫廷内太监、佣人居住的地方，但用于北方民居并不算多见。在前文的蔚县中也有存留，可知主要分布于内蒙古、山西、河北交界之处，应为南方建筑的引入和延续。大约可以猜想这屋子曾经的主人，若不是出身宫廷便是江南人士。

这张照片中我需要另外表达一点的是烟囱。塞北的冬天天寒地冻，如果需要大面积供暖则需要采用火炉和铁皮烟筒。虽可以穿越各个房间，但由于炕板阴冷，睡眠时常采用的采暖方式则是土炕。土炕与做饭的灶台一般为共用，其烟道却不能穿越走道，就出现了这边民居烟囱林立的特色，每个烟囱都可以视作一个灶台的存在。

图 8-3 卷棚顶民居

关于门头，其中一个建筑特色，就是门头题字。我选取了一个我比较喜欢的词语，谦受益（图 8-4），谦虚心态的行为才可以获得长期的利润，可见曾经的商业氛围和人文深度。只可惜谦受益这样的道德标准，在如今自我崇拜的时代，早已不再被年轻人多提及。多少感叹一下，我们的千年美德，现在是否多少有些迷失。

较现在还在日本盛行的门牌，我国现在的门牌或是门头题字在民居中已不多见。但作为一种家庭文化或是家训的体现，其实在中国各代古建中都得以点睛般体现，极为注重。我自亦是十分惭愧，书法极差，家训皆无。俊秀的砖雕文字，可见得中国书法的魅力和水准，同时却也是悲哀我们的书法后继无人的现状，有几个孩童还在坚持毛笔字练习和使用？传统文化的缺失与西方文化的渗透并行中，未来消失的可能不只是建筑。

图 8-4　塞北民居之门头（一）

　　门洞以照片中的拱形居多，图 8-4 的门头题字保存完好，但是门头基本全部损毁。图 8-5 这座大门则是我父亲出生的老宅，虽然题字已不复存在，但是门头样式还是清晰可辨，且具有清代北方的民居特色。由于平民的民居级别低下，所以多数不会采用檩柱，而是砖砌的墙垣门结构。加之各宗教传教士带来的异域风格，在上门洞加入了西式建筑的特色，如拱形门及带状半高砖雕的式样。又如门两侧立柱，既有哥特式风格的影子，同时也保留了题字砖匾的中国古建做法。可见几百年间东西方文化在这里交汇，建筑风格产生了纷杂热闹的效果。

　　父亲老宅的后墙，后墙的砌筑，采用了土坯砖与烧制砖相结合的砌筑方式，这是一种介于土坯墙和砖墙之间的方式（图 8-6）。大家自然也很容易理解为什么会出现这种砌筑方式，主要还是有点钱但是钱不够多所致，但留存到今天倒也是一个时期经济情况的例证。

图 8-5　塞北民居之门头（二）

图 8-6 塞北民居之土墙

这样的墙体砌筑只在墙角及跨度大的地方增设砖垛，其余部分墙体则采用了土坯砖，与砖墙房子做以对比，很类似于今天的框架结构及框剪结构。框架结构是砖土混搭的模式，框剪结构则对应纯砖墙的模式。砖土混搭中设置的砖柱有效提高了房屋的抗震及强度，安全性远比土坯墙好，性价比则胜于砖墙，虽然是没办法的办法，但在当时应还是很不错的结构形式。由于土坯砖难抗风雨，还需要在外面粉刷麻刀灰。麻刀灰之前有过介绍，不再另叙，它的加入可有效解决防雨的问题，以提高房屋的寿命。

我的祖父购入这座房子时大约是在二十世纪二十年代，但已经是二手房，所以这座房屋的年龄至少在百年以上。从外表来看虽然已经十五年无人居住，但还是保存较为完好，更验证了这种砌体结构的坚固耐用。高墙顶部为三层叠砖檐，三层砖 45 度斜放，每上层比下层伸出约 1/4 砖宽，最上层水平铺设檐砖，虽然后墙的檐不大（图 8-6），但还比较好的起到了造型及导流雨水的双重作用。

这是一座保存极好的老式商铺，左侧摘下窗板后，就为对外营业的柜台面（图 8-7），我曾在 30 年前在这家店买过零食。正门类似于今天卷帘门的门板，这与普通住宅有很大区别。每一块木板都有顺序，板上设有插槽，打烊之后按顺序将各块板逐一插入插槽。古代商业由于内部没有人工采光，所以讲究尽量宽的门脸，可让顾客对商品一目了然。现在依然有称商铺为门脸房一说。

听大妈说这里已经停业 15 年了，所以不再能看到里面的布置，仅依存于记忆中的样子，却已经太过模糊。有点遗憾儿时的我为什么没有多关注一点。

当我长大了，它却老去了，生命大约总是这么无奈。常见爱情剧中，男女主人公在结局时，终于得以牵手，现实的生活却恰恰没有那么美好，总是失之交臂。在与建筑老去的奔跑中，我总是慢于建筑的毁坏速度，作为一个反应迟钝的人，我总在拍摄一个建筑死去的过程。开始是遗憾，并觉得失败，后来倒是淡然，觉得用一种充满敬意的方式来记录它的消失，

图 8-7 塞北老式商铺

也是一种独特的视角。这次不会再后悔，即便多年后记忆变得模糊，我依然可以拿出来照片，回忆曾经的老房子，回忆我由青年步入中年的步伐和视角。门口安详的小狗，不理尘世，淡定地晒着太阳，都不多看一眼。我这样的无聊之人，他们这种静怡的搭配，慢慢与老屋一同老去，何尝不是一种生活方式，不尽美但却足够潇洒。

父亲诞生在这里，但现在却一点儿也看不出还可以居住的可能，虽然我曾在30年前及25年两次到访。那时候的冬日暖阳我依然记忆犹新，坐在炕上，围着小方桌，床头的老式小柜还在脑海中光彩亮丽，大伯给我摆弄着祖父留下的古钱币。祖父也是小商人，一度以回收已经废止的清朝铜钱再铸铜锅、铜壶为生。院子里的水井对我来说是好奇也好玩的地方，现在已经不复存在。现在的样子真是让人神伤，屋脊还可以清晰见到青瓦拼凑的铜钱及鱼鳞式样的屋脊，屋脊是古人的一种身份象征，虽然一般民居不存在脊吻，但在屋脊上会比较讲究。屋脊玲珑剔透，增添房屋气势的同时，镂空的部分还可以有效减小风压，十分科学。可惜右侧顶则已破坏，脊砖散落于屋面，毕竟这老宅已经十五年没有人居住。当初大伯离开的时候，还是按照当地做法，将门窗用旧棉被或纸壳加以遮盖，看得出来还准备再回来居住，只是一去就是十五年。如今大伯也已经过世，大娘也已年迈，不能再回来独立生活。孩子们都远去了城市，曾经的热闹从此变得冷清，曾经的繁华也变成了落寞。干净的院子被杂草侵占，老宅也已彻底沦落。

没有主人的建筑就如同这样般迅速消亡，所以从人类最早学会搭建草棚开始，建筑就是与居住者融为一体。这种有生命的构造形式，即便是一千年的使用，只要有人注意打理维护，依然可以留存；但如果没有了人气，在十几年内就失去了使用意义和居住价值。这种共生关系在我们今天建筑设计上仍是重要原则理念，讲究人与建筑在使用功能上的合理搭配，即达到最短距离的舒适及实用，这样的设计即为合理，建筑的寿命也会较长，反之亦然。

细节，窗棂雕花，虽然已是破败不堪的窗户，但是莲花型的窗棂木雕于破败中泛白，难免让人怜惜，吸引着我（图8-8）。北方建筑中各式窗棂样式很多，但多为规则的孔状，木雕并不算主流设计，却是窗棂设计中

图 8-8 窗棂雕花

的点睛之笔，虽已褪色，透白的颜色，与草席为伍，并不能淹没曾经的辉煌。人如莲花盛开，即便多年已去，故人来过，看到这美丽莲花，不觉似乎人生已过轮回，你我的这次重逢，只是百年前的私约一样。

祖父在父亲 7 岁那年就已经过世，没有祖父的童年，并不能让我减少关于家族历史的追寻，如这莲花的木雕，只是停留在那里，似等我去感受曾经的家训，品质和严肃。我不为所求大富大贵，但求可以坚持莲花一样的品质，以莲花的责任，坚守人生的底线，探索建筑的意义。

建筑作为一种文化的表达方式，早已将文化与信仰凝固于每一个建筑构件，使中国传统美德得以渗透。即便是一个饰物，只要你用心去观赏，都可以看到不同的感受。建筑饰物的选取如今仍具借鉴价值，一个建筑如何将装饰与传统文化搭接，是建筑内在的气质所在，也是盲目模仿西式建筑难于表达的内涵。

细节，砖雕，出现在门头侧壁，这是一个富裕家庭的门头，但从样式看，图案更像是兰花。兰花寓意高洁和淳朴，与前面各样的饰物一样，都是表现了当地人的精神层次（图 8-9）。作为当时商业流通发达的地区，外围地区的精神输入，使这个地区人文及物质文化均达到了一个极高的程度。

其门头正面分类来说，这种类型的大门如在当时的北平应为类似广亮大门的级别，也即是仅低于王府大门的门头。其门内上方均匀设置五根檩条，大门立于中间檩条的位置，门前设置檐柱（图 8-10）。但照片中大门檐柱又不同于广亮大门的落地做法，而是落于门口的门枕石上（即柱脚支撑用的石墩）。大门设有"卍"字及祥云的"看叶"（在宽度较大的门扇上，还在门的上下两头包以铁皮以增强板门横向的联系，这种铁皮称为"看叶"）也为吉利之意。门上设有门钉，门钉从数量上看无特殊的意义，仅为加固门板之用。虽然样式接近，但整个门头仅可看做是在模仿广亮大

图 8-9　塞北侧墙砌雕

图 8-10　大门檐柱做法

门样式，因从材质到规格都还相差甚远。即便如此，仍可看出当时的匠人对于不同风格的混搭进行了很多尝试，也可见当时建筑类型的多样化及曾经的高度，为商业繁荣的附带成果。

三 》 荒野中的长城

取一段已经消失的长城城楼，虽不为民居，但也是古代建筑的一种（图 8-11）。既然看到，随带说一下，内蒙古、河北、山西境内在春秋战国时为赵国，可基本确认为赵国长城。我刚到的时候，有人说这是日本人的炮楼，我还真信了，只是后来实地考察一下，才发现这是长城的烽火台。毫无疑义，如照片所见如为炮楼不会是纯土堆结构，这城楼是黄土经过层层夯实而成，典型土质城墙的建造方式。另外从照片的角度可以清楚看到曾经登顶的台阶痕迹，尤其从远处更为明显，像极了城楼。两层的烽火台，结构设计合理，四面均有洞口，且内部也还可以贯通上下。

图 8-11　赵国长城

从建筑角度来说，存在千年即已是相当伟大的建筑，不用再多考虑是否具备建筑艺术价值了，一种沧桑的美感，荒野中孤立的烽火台，居然矗立千年，本身即是十分不可思议。虽然关于上面遍布的小洞我也不得而知其用途，或是战争痕迹。有些伟大真的存在于平凡的土地之中，偌大的土堡，真实地记载了这个民族太多的兴衰荣辱。当你真是一堆土，也就不再担心毁坏，可能这就是它平凡存在到今天的理由吧。

四 ▶ 横亘石条的山墙

塞北较具特色山墙做法，是为建筑的穿枋做法（图 8-12）。穿枋更多用在江南的砖木及北方的土木建筑中，主要特点为山墙中柱与穿枋相结合构成山墙。穿枋为设置于山墙处的木质梁，与山墙内柱配合使用，不光起托起屋面的作用，伸出段还要负责支撑挑檐，伸出部分则被称为挑梁。而

图 8-12 塞北民居山墙做法

在隆盛庄的砖木山墙结构中，山墙段并没有采用梁柱结构，对于挑檐的支撑采用了长条石板，使山墙的挑檐与房屋的内部结构脱离开，利用石板较长的部分坐于砖墙或是砖柱上，以维持平衡，较短部分挑出，支撑房檐。由于砖结构的民居，挑檐亦为砖砌，所以依据挑檐的长度还可以在石板上铺设檐砖，每块上砖压下砖，伸出 1/4~1/5 砖长，造型上配合挑出砖檐造型，同时石板也雕刻为阶状或图案，这样建筑的施工技艺很好地解决了砖式挑檐的自重较大难于承重的缺点。山墙侧多用墙砖下压侧瓦，侧瓦用来防止侧面雨淋，防止来自于侧面的屋顶渗漏。顶上造型可采用各异瓦当，使得建筑如同穿着盔甲的武士，外观威严，结构坚固。

五 碎落一地的美

地砖，本书中唯一的一幅地砖照片，虽然已经破坏，但还是很别致，看得出曾经美丽的样子（图 8-13）。在很多知名建筑或是园林中，古代的室外地面多是卵石或方砖铺地，但像这样采用砖及碎瓦拼接的装饰性地面极少见。地面轮廓用立砖分出铺地的界限，用平的碎砖及碎瓦随意铺设平面，只需注意找平，而不在意规整，当然也许会显得很杂乱。工匠在地砖中用碎瓦立放，拼接成花的图案。有桃花亦有菊花式样，不过这些花瓣造型的加入，加之手工的地面铺装，看似随意却形成了不雷同的效果。地面如同地砖一样的观感，再加有图案，平面的杂砖显得有了规矩。这种细处显示不出的美，远观则美感跃然于地上，今天虽然只能看到残迹，但也足够震撼。

这种利用建筑废料的建造方式，不能说少见，但可以达到朴素沧桑的美感却很难。不觉中才了解到，这是建筑艺术的极高境界，这种建筑艺术的诞生，必须让建筑师先具备珍惜材料的品质，再掌握美术美学的基本功，剩下还需要是个好手艺的匠人，如此心思缜密才可成为这样能力的建筑师。在当下其实亦然，繁杂中体现的宏观建筑之美，是建筑艺术的优秀与平庸的分界点，也可以说是建筑设计的所需的大局观。很多时候就这么一点，即决定了你是不是一个建筑师。

图 8-13 地砖

六 》 公社浴池

作为一个时代的特定产物，浴池是我们这代人都还记忆犹新的一个地方（图8-14）。当我儿时，常与父亲来到公共浴室洗澡。这几十年变化确实很大，城市内每家都有了淋浴或盆浴，公共浴室也不再是小时候的样子，但公共澡堂却牵扯着我，只为儿时快乐与不快乐的很多故事。其实小时候是很不愿意洗澡的，在塞北的小城，卫生条件很有限，生活条件也不好，所以脏惯了，因为洗得少，每次洗澡要被父亲狠劲的搓，疼得要命。有一段时间，我甚至还因为太长时间不洗澡，身上起了虱子，一度很享受于捏爆虱子的声响，很有成就感，看似很傻，但却是真实的感受。

再后来大了些终于有了些梦想，与其他男孩子一样开始渴望学习游泳，据小伙伴说用双手捏紧鼻子堵上耳朵潜入水中，是游泳秘技。好不容易知道，怎么能不演练，但那时唯一所能去的多水场所就只有公共澡堂了，一

图8-14 公社浴池

堆大老爷们的热气中，我终于开始了潜水。之后的结果也可以想到，喝饱了洗澡水，才挣扎着摸到池边，只因为忘记除了鼻子，嘴也会呼吸的，自然也具备喝水的功能。

虽然这些是说起来极为可笑的童年时代，但公共浴室今天拿来看，却总是多了些许温馨的感觉，这老房子承载了许多人的快乐童年，简陋老旧，门头的阳刻店名也是那个时代标准的建筑技法，却可以承载快乐，承载记忆。如今我的世界，沟通的网络工具很多，却缺少了热气腾腾的生活，少了面对面沟通的真诚。我有时也在想，每天看着别人微信、微博的感悟生活，但却又很快消失在记忆中，常常发现自己最近几年的记忆总是空白了很多，电子时代的记忆不再存于脑中，而是变成了服务器，不知道别人是不是与我一样的感受和失落。

七 飞檐斗拱

中国古建中最著名的设计构造：斗拱，深深蕴含着中国古建结构的魅力。这不仅是一种技术，也是一种艺术，这是一个将先人的建筑智慧发挥到极致的最佳体现（图8-15）。但我更愿意拿它在民居中进行说明，一是因为民居是本书描述的重点，二是因为斗拱在民居中并不太多见，斗拱的应用主要还是在公共建筑，像是宫殿庙宇之类，像这样融合在石枋挑檐、连椽、飞椽的结构之内，也是一种模仿中的另类变通。斗拱与石枋的作用相互叠加，虽然从力学角度来看，并不甚合理，但却使门头的结构安全性得以极大提高，这个照片确是斗拱介绍的不二选择，距离很近且特点较典型。

斗拱构件中最下方的像是米斗一样的构件称为斗，处于最下层位置的支撑斗也为最终受力点，被称为坐斗。斗根据插入栱的数量制作出斗槽，而坐在斗上的弓形或拱形构件称为栱。栱横向支撑与门梁同宽通长的横木被称为阑额。栱的端头上设有散斗，其上依据需要，设置上层的栱及阑额。也有较简单的做法，不设散斗，将散斗在栱端头上一气呵成，如照片所示的下层栱，每层栱在中国的营造法式中，都有各自的称呼，这里不再一一说明。在最上层朝外的栱称为檐令栱，其多层栱及散斗叠加的效果，则被称为罗汉枋。斜下伸出门外的各样兽首的构造称为下昂，檐檩则被支撑于罗汉枋的散斗之上，整个受力情况通过层层转移，最后将顶部的承重转移到门梁，再传导至柱直至向下。

斗拱是一种已有几千年的建筑技术，历代又经不断完善，已经接近完美。如果一定要说什么是中国古建的非物质文化遗产，那斗拱是应该排在第一位。其设计在没有电脑复核稳定性的时代，可以建造出精确度如此之高的建筑节点，实属不易（图 8-15）。一方面是经验的不断累积和改进，另一方面就不能不说中国工匠建筑智慧极高。斗拱这种代表中国古建建筑水平的构件，足以让我们为过去自豪，即便我们的古建可能不够厚重，不够宏伟，但绝对在科技含量和艺术价值上独领风骚，也催促着今天的建筑师更要发愤图强，去寻找属于我们自己新的建筑高度。

图 8-15　门上斗拱

八 》 剩下的骨骼

　　毁坏中的美丽，从门窗上的破布纸壳，可见主人也曾尝试过保护，只是结果依然难逃坍塌命运，只剩一副属于建筑的骨架（图8-16）。在塞北午后阳光下，格外明显突兀，映衬建筑曾经拥有的生命结构，但一切只剩废墟，只剩这照片展示曾经存在的印记，来解构塞北民居土坯房的今生来世。首先是骨骼，土坯砖的山墙结构，为梁柱结构，无枋但有柱，因为土坯砖无法承重，需要依靠山墙内的柱承接檩条对屋面的负重，但山墙无枋则其端头的平衡性并不好，成为房屋不稳定的节点，室内设有大梁，梁上部与檩条下部与柱及隔栅门采用榫接方式连为一体。

　　房屋内部采用格栅门结构，格栅门为一种西北及塞北常见的室内分隔结构，可以看作是一种固定的屏风，作为房间内部分隔的隔板，但又不是砖砌的墙体，上下均为木质墙板，中间部分为窗棂，隔音保温效果虽然不

图8-16 损毁的塞北民居（一）

佳，但却节省空间。当然其中最重要的原因，还是一种传承，古代木结构建筑考虑到承重及整体性，内部均为木质墙体及构件，故内部木质格扇的做法，在中国古建筑中一直被广泛应用，到了近代之后的这种做法很多民居依然得以延续（图8-17）。即便在今天的塞北农村隔扇门依然在使用，只是木质的窗棂变成了分割的玻璃窗。

外墙采用土坯砖砌体结构，土坯砖平放和竖放进行分层放设，为土坯墙的典型砌筑方式，在窗下的部分仅采用平放层砌即可。面对着这么大的窗墙比，还是单层窗棂，即便冬季有一定的保温措施，在零下二三十度的温度之下，可想而知有多冷。准确说，我儿时也是每晚起来都冻得头疼，但比这样的外墙保温已经好了很多，现在居住条件的改善确实是太大，需要珍惜。

图8-17 损毁的塞北民居（二）

图8-18 损毁的塞北民居（三）

后墙侧的孔型条石，是小说中常说的拴马桩，没有照完全，下端是埋在地下，上下共计七八个洞。这是车马时代深刻的印记，只是时代已逝，如今已成文物。面对荒废石头选择了坚强的屹立，土砖选择了化成土随风而去，木梁、木窗选择了沉沦于腐朽之中（图8-18）。

九 窗棂之美

窗棂之美，这是一间房子的各式窗棂，于一栋建筑中得以体现确实丰富。从左面开始的窗棂（图8-19）已经被破坏，但可以看见为套环式图案，为团圆之意；左二为花瓣样式窗棂，灵动活泼；左三为菱格式样窗棂，朴素大方。套方样式棂花（图8-20），规则肃立。左侧为方格纹式窗棂（图8-21），典型开启式窗样式，右侧为直窗格与象眼格结合体的窗棂，拥有现代设计观感，象眼格与菱格为横放与立放菱格的差别。各式窗棂式样分别具有不同的意义，太多具体含义已经不得而知或只为猜测，对于工匠的所思所想，只能留在他的脑海中了，但关于追求幸福、平安等意境，则清晰刻画在窗棂之上，得以共鸣。

　　窗棂作为一种中式建筑的代表形象，深深烙印着中国味道，多少遗憾一点，现有建筑中对于窗棂没有太多的传承，玻璃幕墙及塑钢窗的大量使用，让窗棂只能偶尔出现在仿古建筑中。如说斗拱是中式建筑杰出的建筑技术，窗棂则是中式古建中杰出的建筑艺术，样式繁多，意义丰富，非画似画，似木非木，是改变建筑单调的一种利器。这里虽然出现于民居，但依然可见难掩的建筑价值，只可惜仅能看到的是渐渐没落中的美丽。

　　不仅限于记录，还是希望未来有建筑师能够将中式风格与现代建筑融合，对于如何将现代化的建筑构件与传统的建筑艺术完美匹配，则是留给建筑师的一个课题，但中国建筑师要真正成为大家，不能全靠模仿，博采众长则是必经之路，一边吸收世界的精华，一边传承传统的宝藏，有中国特点的现代建筑才是中国建筑师的发展之道。

图 8-19　窗棂（一）

图 8-20 窗棂（二）

图 8-21　窗棂（三）

十 》 屋檐下的旧时光阴

保存完好的房檐做法，由于前文已经有过介绍檐口，这里需要重点说说与之前所见的不同之处。檐板的做法这里看得更为清晰。我截取了一个大样，飞椽突出连椽 30 公分左右，连椽也很薄，刻意与内部檐板找平，檐板则由宽薄木板拼接，虽大小不一，但是可以看出平整度控制很好，与椽条整齐划一（图 8-22）。加之滴水瓦的保存较为完善，依然可以很好

图 8-22 塞北民居檐头做法

地保护檐口不受雨水清洗。虽作为民居建筑，但这栋建筑整体的质量已是非常好，原有的使用功能为车马大店，百年之后木质依然整体保持完整，虽然木材略有裂缝，但是笔直没有驼的迹象，可见当年选材优良，结构亦没有大面积损坏，可见瓦工技艺高超。同样房屋也已几十年没有人居住，但现有的保存情况还是相当了得。可见这房屋在之前的建造过程中，在当时就是造价不菲，也是十分用心建造。房屋建造的寿命如果不考虑后期的维护，不外乎两点，一是建筑材料要上乘，二是建筑质量要过硬，拿过去的房屋回头来看今天的建筑，也是一样的道理，这是典型的百年树房。

　　同一栋房子梁端头的套兽，套兽本意只是为了控制梁被雨水清洗腐蚀，雕刻成各种图样，以各种兽首最为多见。在中国古建中却起到了两重的作用，一方面封闭了梁端，另一方面也起到了装饰效果，照片中的套兽为祥云样式木雕，是比较简单典型的套兽（图8-23）。特殊之处是檐板及檐檩条两层之间也增加了祥云样式木雕，一方面将梁檩相接之处，榫接的部位全方位进行封闭处理，也为横纵两个方向都增设了木雕图案，让檐口看起来更加奢华美观。

图8-23　梁端套兽

檐梁、檐柱的朱色依稀可见，似乎荣华与喧嚣并尚未褪尽，多有感叹，物是人非不再见昔日人影，曾经的人来人往，只剩如今杂屋一所，但纵然如此，依然可以给今天的我一种无限的赞美。可想百年之后谁又知道我，建筑作为了一种见证，总是可以留给我们很多的记忆和猜测，即便如今风雨摧弃，点滴之间的印记却总可以把我们带回过去，总想这就是我一直来愿意行走老宅深层次的理由吧。也许我真有前生不解的情感，没有释放，总在寻找着往生的共振点，只可惜无数的过往，都回不去了，打起精神，继续向前。

十一 损毁与裂痕

建筑的缺点，之前已有石板挑檐的介绍，如果说这种砖砌类型民宅的损坏，那就是这种石板副作用的体现，虽然石板作为挑檐，可以起到支撑更重檐砖的作用，但由于石板的实际支撑点只有屋脚的砖柱一处，山墙的砌体结构无法与石板成为有效的整体结构，所以很难起到实际受力点的作用。这样问题就出来了，如房屋受到地震等扰动，或石板设计的位置有所偏差，时光流逝，岁月如梭，由于石板自重较大，只要破坏了之前形成的平衡，不稳定则会加速，石板发生移动，与墙体之间渐渐产生裂缝。这种不平衡只要开始就不可逆转，最终导致房屋的倾倒，如图8-24所示的样子，裂缝会逐步加大，直至最后的损毁。

十二 木门与离别

门闩（图8-25），作为结束，这是全书的最后一张照片，用其收尾很合适。当十五年前，家人轻轻关上的一瞬间，那边成为了过去，一个回不去的过去。关于中国古建，如这样的门栓，我们看似还很熟悉，但却已经不再存在于我们的生活当中，但它如同印记，还留在我们这代人的童年之中。一边是过去，另一边则是离开。

我们离家越行越远，当我们累了倦了，我们都会想起这扇回家的大门，有时候希冀所有的游子都能不要像我，在七年之后才踏上归途。常回家看

图 8-24　石板排檐

图 8-25 门闩

看并不是一种口号，而是一种对于根的寄托，每个游子心中最深层那单纯的记忆部分，可让我们轻轻打开门栓，掸去厚厚的尘土，看看老宅，看看父母，留下的感动不只是过去的样子，也有尘封的往事。不要像我在已经遗失了所有的老屋之后，才满是遗憾。回忆总是需要载体的，这也是中国老宅的真正生命所在，因为有你的存在，他才不倒，对于古建如果不能出于内心的关护，其实最终难以避免消失。

让我们轻轻带上门闩，结束这场旅行。如果说生命是一场旅程，这本书是用了我生命中由青年走到中年这个阶段，期间看待问题有了质的变化。如果违心地说，我对中国民居的热爱日益增加，那确实不是我真实的感受，说起来我是厌倦也疲惫了。有人说看过太多丑陋和残忍，会让自己也变得消极，这一点我还是认同的。

直至走不下去的时候，我想是该结束的时候了，没有看到的房子太多，我一生穷尽也不够，但已经完成的经历对我来说已足够。所有的老宅如同一个个老人，用最彻底的方式接待了我，让我从心里明白，对生命的意义和对生活的价值需要重新审视，让我更加热爱一切尚未失去的东西，无论你现在所见的是好是坏，都是生命中非常值得珍惜的，哪怕一瞬！

后　记 | POSTSCRIPT

　　写在之后，再次提笔回忆，已经是开始行走的 7 年之后，也已是开始写作此书的 2 年之后，这期间发生了太多事，于我而言就是已可以称为是故事。等待本就是一种煎熬，对于融入自己的努力和辛勤的作品，则更是加倍，但如果还融入了自己的灵魂和精神，那就成为了生命的一部分。

　　当展卷阅读的你看到这段文字的时候，其实已是我生命的绽放，并不虚言。希望你能够有耐心看完我的这本杂文，请先不要嗤之以鼻，虽然文笔拙劣，思想简单，图片也不够精致，但当你去感悟自己曾经的生活经历、陪伴自己成长的老房子，以及自己度过的时光，那么总会有些许触动。生命富有多样性，但也有更多共性，即为大同。我希望能够挖掘出每一个离开故土在外打拼人的共鸣点，如我一样的无奈，如我一样的坚持，如我一样怀旧，不在乎被人耻笑，也不在意别人评头论足。因为这些并不重要了，敢于用灵魂去写就作品的人是值得尊重的，我也为自己致敬，虽然对我而言这是一种灾难的开始。

　　因为等待，且欲望横流，名利的渴望，希望展示给读者的焦急，急切希望能够因此引起民众对古建重视，一切都变成了压垮自己精神的最后一根稻草。当然一切也是公平的，与思想的激烈辩驳，让我能够理解到建筑灵魂与本身的关系，如同人的身体与精神的关联一样，精神与身体是密不可分的，身体的透支会带来精神的崩溃，而没有精神的身体会迅速颓败；而老房子与居住者的关联同样如此，有人居住的房子才会老而弥坚，离开了故土的游子则总是缺少心灵的归宿，渴望内心的回归，如此为万物的关联，希望在读者阅读之后能够略有体会。身心的统一与建筑的保护都其实不外乎就是一种顺其自然，保护也好、呼吁也好，本身只是一种居于自己的想法，而能够通过建筑的外表去唤醒人们内心的本真，则是真实有意义的部分，也可能是我最想展示给读者的地方。

且称之为杂文吧，因为其内在的个人情绪已经胜于外在建筑形式的表达，给建筑赋予生命，远比仅是建筑生硬的介绍会更能打动读者。但这仅是我自己的认为，也许是画蛇添足，因为这两年中发生的事情太多，也让我对自己的固执和偏激产生了疑义，不过从文字也好、情感也好，人至四十，不可太较真。不是改变，而是无力，那时确实还是年轻，不敢再看那些言语，因会让我伤神流泪，但却把我三十几岁的所有感悟确之凿凿地铭记于内。至于建筑，其实只是怀旧的载体，也是能够吸纳更多读者的切入点，出于自私，但也许未必是坏事。

感谢张维欣编辑对于书籍的编辑整理，她也是一个固执的人，也有着与她岁数不相符的文采和看法，她弥补了我不够理性的一面，从建筑到文笔，让这本书能够比较正确和客观，年龄并不能抹杀她如此复古的一面，让我心里着急，直至成伤，再成雕塑，但也铸就了心里的冷却。曾有一段时间是不能看这书的文字的，因为看了就会心里难受，焦虑症的病根如此，在一次与儿子看电影《欢乐好声音》，剧中主人公重操旧业，不忘初心之时，我潜然泪下，触碰到了自己努力的艰辛。不过哭过就是哭过，已然平复很多，理解有些事情、有些结果都是最好的安排，能够有一个如此用心的编辑，也算是我人生有幸，感谢用她的固执放下我自己的偏执。

本来后记该是一种新的开始，于人生而言，经过不惑之年，开始了人生下半程，不再纠结，能够放下，但还会努力，只是不想再那么拼命。生命终究都是属于自己的世界，成功和失败也是如此，故于我自身而言，已然做得足够，过程精彩至极。但于出版社而言，这本书并不会是一部大卖的作品。因为作者不够知名，也缺乏学术的权威性，所以曾经想完成后面一部对现在的我来说可能困难重重，无论从时间上和身体上。时间原因是能够收集的民居建筑在这些年中多消失殆尽，身体原因则是缺乏了那种当年为之努力的不懈和勇气。不过不完美也许就是完美，一切顺其自然吧，仍希望这本书能够成为一部小众作品，有固定的读者群，能够被些许读者所珍视。正如我自己的生命一样，精神在一个频道，无论是建筑的保护，还是人生的感悟，还是故土的怀念，甚至是生命大同的肯定。我把自己的那部分阴柔之美注在书中，滤除了文字的毒性，留给了自己狂躁和悸动，文字中毒的自己，之后一人狂奔于儿时的戈壁荒漠，期待可以驾驭之的办法。

过去的终将过去，最美的依然是现在，对于明天不敢想象，曾经走过的可以拿来回忆，那是生命曾经的精彩，可以拿来与人分享，因为那是先行者的经验教训，而现在我们需要的是善待自己，放下压力和负担，让生命变得坦诚，才是现在该有的出路。我选择了洒脱自己，激扬文字，不在意了别人的看法和对待，才学会舞动人生。

房屋在时光中难免灰飞烟灭，但我刻意想去留存的，却是其中最珍贵的记忆，记忆不死，希望永存，才是真正的复兴之路。明天并不遥远，生命也不算长，善待自己其实就是善待文化，这些老房子中的文化、传统，我们理解的还并不够深刻，很多尚不为我们所知的需要去挖掘，但却足以指引我们未来的方向。

建筑是技术与艺术的融合，更是具有感情和温度的人类活动之载体。他们具有各自独特的时间和生命，是能够与人的精神世界发生关联与作用的，亦是人类情思的具象化表现。是每一个红尘过客寄托自己"存在"的方式。而在这其中，尤以见证人类生命和历史的民居为最。愿民居记忆永不消逝，历千万祀，与天壤而同久，共三光而永光。

不仅是建筑，也是人性，莫轻视，莫遗忘。

白永生